Kiran Bhandari
Ramachandra Manthalkar

Recuperação de imagens de satélite usando LTRP e ASMC

Kiran Bhandari
Ramachandra Manthalkar

Recuperação de imagens de satélite usando LTRP e ASMC

ScienciaScripts

Imprint

Any brand names and product names mentioned in this book are subject to trademark, brand or patent protection and are trademarks or registered trademarks of their respective holders. The use of brand names, product names, common names, trade names, product descriptions etc. even without a particular marking in this work is in no way to be construed to mean that such names may be regarded as unrestricted in respect of trademark and brand protection legislation and could thus be used by anyone.

Cover image: www.ingimage.com

This book is a translation from the original published under ISBN 978-3-659-83602-2.

Publisher:
Sciencia Scripts
is a trademark of
Dodo Books Indian Ocean Ltd. and OmniScriptum S.R.L publishing group

120 High Road, East Finchley, London, N2 9ED, United Kingdom
Str. Armeneasca 28/1, office 1, Chisinau MD-2012, Republic of Moldova, Europe
Printed at: see last page
ISBN: 978-620-8-28817-4

Lista de conteúdos

RESUMO

Devido ao rápido desenvolvimento da tecnologia de satélite, está a ficar disponível uma grande quantidade de dados de satélite. As imagens de satélite têm sido utilizadas para uma grande variedade de aplicações em domínios como as florestas, a agricultura, a monitorização ambiental, a geologia, a gestão de catástrofes e muitos outros. Como o volume de imagens de satélite continua a crescer exponencialmente, resultando numa enorme base de dados de imagens de satélite, a gestão eficiente de uma grande coleção de bases de dados de imagens está a tornar-se um sério desafio. Além disso, o desempenho da recuperação de imagens torna-se mais fraco do que o das imagens relevantes. Por conseguinte, a recuperação de imagens de satélite (SIR), baseada no conteúdo, começou a incluir a conceção por peritos humanos para satisfazer as expectativas dos utilizadores.

O principal objetivo de investigação do trabalho proposto é recuperar as imagens de satélite do conjunto de dados de imagens baseado em clusters utilizando as diferentes técnicas de recuperação com a abordagem especial de feedback de relevância. As técnicas de recuperação melhoradas utilizadas para o SIR baseiam-se tanto nas anotações como no conteúdo da imagem. O conteúdo da imagem para a SIR é extraído utilizando a caraterística cor e a caraterística combinada cor e etiqueta. A SIR baseada na caraterística da cor envolve o processo de aplicação da extração de caraterísticas e da medição da semelhança entre as imagens. A extração de caraterísticas baseada na técnica de recuperação de cores inclui o vetor de caraterísticas combinado do histograma de cores, os momentos de cor e o autocorrelograma para obter resultados de recuperação de qualidade. A recuperação é então efectuada comparando os vectores de caraterísticas com base na medida de semelhança. Em segundo lugar, é efectuada a SIR com base nas anotações da imagem (Tag). A recuperação da etiqueta baseia-se exclusivamente na programação dinâmica. A distância mínima de edição entre o nome da consulta e os nomes das imagens do conjunto de dados dá os resultados da recuperação com base nas anotações. Em terceiro lugar, a combinação de cores e anotações é aplicada à imagem consultada e os resultados são obtidos. O agrupamento da base de dados de imagens é efectuado com base nas caraterísticas cor e etiqueta.

Para além das técnicas de recuperação adequadas, é introduzido um novo método de refinamento para a SIR baseado no feedback de relevância. O trabalho proposto introduz o mecanismo de feedback de relevância que utiliza o método de aprendizagem ativa (AL) para reduzir o esforço de rotulagem do utilizador na recuperação de imagens de satélite de grandes arquivos no âmbito do classificador da máquina de vectores de apoio. O feedback de relevância é aplicado às imagens recuperadas utilizando a abordagem baseada em PSO-SVM para melhorar ainda mais a precisão dos resultados. Os resultados experimentais mostram que o sistema adapta as consultas à base de dados com caraterísticas como a cor, a etiqueta e a combinação de ambas e, em seguida, aplica o feedback de relevância utilizando a abordagem PSO-SVM para melhorar a recuperação, o que mostra a eficácia do sistema proposto.

Abreviaturas e símbolos

SIR	Satellite Image Retrieval
QBIC	Query by Image Content
RF	Relevance Feedback
AL	Active Learning
PSO	Particle Swarm Optimization
SVM	Support Vector Machine
HSV	Hue Saturation Value

Capítulo 1

Introdução

1.1 Antecedentes

A deteção remota tornou-se uma das principais aplicações de investigação no domínio do processamento de imagens. As imagens obtidas pelos satélites cobrem uma enorme área geográfica, como massas de água, florestas, zonas urbanas e muitas outras. A informação contida nas imagens de teledeteção desempenha um papel importante na monitorização ambiental, na previsão de catástrofes, no levantamento geológico e noutras aplicações. Com o aumento contínuo da procura de imagens de teledeteção, foram lançados muitos satélites e milhares de imagens são adquiridas todos os dias. de imagens são adquiridas todos os dias. Isto leva a um aumento constante da base de dados destas imagens de teledeteção, o que dificulta a extração de informações importantes a partir delas. Assim, a recuperação de imagens úteis a partir de uma base de dados não estruturada constitui um desafio. Os processos convencionais de consulta de imagens envolvem a correspondência de palavras-chave como a localização geográfica, o tipo de sensor e a hora de aquisição. Para ultrapassar as deficiências destas técnicas, as técnicas de recuperação de imagens centram-se fortemente na recuperação de imagens com base no conteúdo, em que são utilizadas caraterísticas de baixo nível para representar o conteúdo da imagem e recuperá-la da base de dados.

Com o desenvolvimento da Internet e a disponibilidade de dispositivos de captação de imagens, como câmaras digitais e scanners de imagens, a dimensão da coleção de imagens digitais está a aumentar rapidamente. Os utilizadores de vários domínios, incluindo a deteção remota, a moda, a prevenção do crime, a publicação, a medicina, a arquitetura, etc., necessitam de ferramentas eficientes de pesquisa, navegação e recuperação de imagens. Para este efeito, foram desenvolvidos muitos sistemas de recuperação de imagens para fins gerais. Existem dois tipos de sistemas: baseados em texto e baseados em conteúdo. A abordagem baseada em texto remonta à década de 1970. Nestes sistemas, as imagens são anotadas manualmente por descritores de texto, que são depois utilizados por um sistema de gestão de bases de dados [1] para efetuar a recuperação de imagens. Esta abordagem tem duas desvantagens. A primeira é o facto de ser necessário um nível considerável de trabalho humano para a anotação manual. A segunda é a imprecisão da anotação devido à subjetividade da perceção humana. Para ultrapassar as desvantagens acima referidas do sistema de recuperação baseado em texto, a recuperação de imagens baseada em conteúdos foi introduzida em no início da década de 1980. A gestão eficiente da informação visual em rápida expansão tornou-se um problema urgente. Esta necessidade constituiu a força motriz do aparecimento de técnicas de recuperação de imagens baseadas no conteúdo. Em 1992, a National Science Foundation dos Estados Unidos organizou um workshop sobre sistemas de gestão da informação visual [2] para identificar novas direcções nos sistemas de gestão de bases de dados de imagens. Foi amplamente reconhecido que uma forma mais eficiente e intuitiva de representar e indexar informação visual seria baseada em propriedades inerentes às próprias imagens. Os investigadores das comunidades de visão computacional, gestão de bases de dados, interface homem-computador e recuperação de informação foram atraídos para este domínio. Desde então, a investigação sobre a recuperação de imagens com base no conteúdo desenvolveu-se rapidamente [3,4,5,6,7,8,9]. Desde 1997, o número de publicações de investigação sobre as técnicas de extração de informação visual, organização, indexação, consulta e interação do utilizador e gestão de bases de dados aumentou enormemente. Do mesmo modo, um grande número de sistemas de recuperação académicos e comerciais foram desenvolvidos por universidades, organizações governamentais, empresas e hospitais. Em [10,11,12] pode encontrar-se um levantamento exaustivo destas técnicas e sistemas. A recuperação de imagens baseada no conteúdo utiliza o conteúdo visual de uma imagem, como a cor, a forma, a textura e a disposição espacial, para representar e indexar a imagem. Nos sistemas típicos de recuperação de imagens com base no conteúdo (Figura 1-1), o conteúdo visual das imagens na base de dados é extraído e descrito por vectores de caraterísticas multidimensionais. Os vectores de caraterísticas das imagens na base de

4

dados formam uma base de dados de caraterísticas. Para recuperar imagens, os utilizadores fornecem ao sistema de recuperação imagens de exemplo ou figuras esboçadas. O sistema transforma então esses exemplos na sua representação interna de vectores de caraterísticas. As semelhanças/distâncias entre os vectores de caraterísticas do exemplo ou esboço consultado e os das imagens na base de dados são então calculadas e a recuperação é efectuada com a ajuda de um esquema de indexação. O esquema de indexação proporciona uma forma eficiente de pesquisar a base de dados de imagens. Os sistemas de recuperação recentes incorporaram o feedback de relevância dos utilizadores para modificar o processo de recuperação, a fim de gerar resultados de recuperação perceptualmente e semanticamente mais significativos.

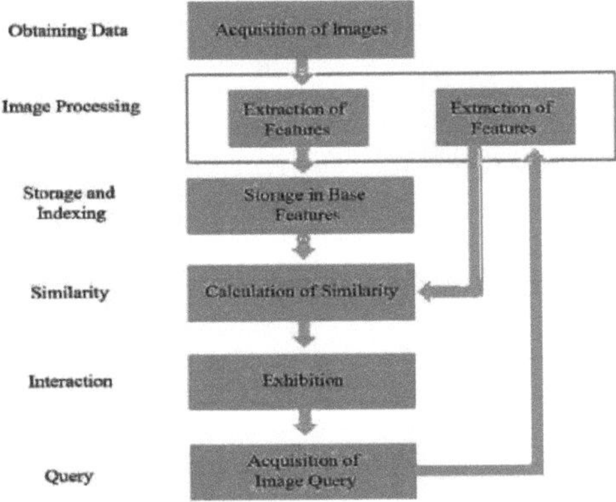

Figura 1.1 Etapas básicas do sistema de recuperação de imagens por satélite.

A diferença fundamental entre os sistemas de recuperação baseados em conteúdo e os sistemas baseados em texto é que a interação humana é uma parte indispensável deste último sistema. Os seres humanos tendem a utilizar caraterísticas de alto nível, como palavras-chave e descritores de texto, para interpretar imagens e medir a sua semelhança. Enquanto as caraterísticas extraídas automaticamente através de técnicas de visão por computador são, na sua maioria, caraterísticas de baixo nível (cor, textura, forma, disposição espacial, etc.). Em geral, não existe uma ligação direta entre os conceitos de alto nível e as caraterísticas de baixo nível. A CBIR centra-se nas "caraterísticas" da imagem para permitir a consulta e tem sido o foco recente dos estudos sobre bases de dados de imagens. As caraterísticas podem ainda ser classificadas em caraterísticas de baixo nível e de alto nível. O objetivo é construir um sistema CBIR universal utilizando caraterísticas de baixo nível. Os utilizadores podem consultar imagens de exemplo com base nestas caraterísticas. Por comparação de semelhanças, a imagem alvo do repositório de imagens é recuperada. Assim, a técnica de recuperação baseada no conteúdo tem por objetivo recuperar imagens com significado percetual e semântico, tirando o melhor partido dos conteúdos visuais.

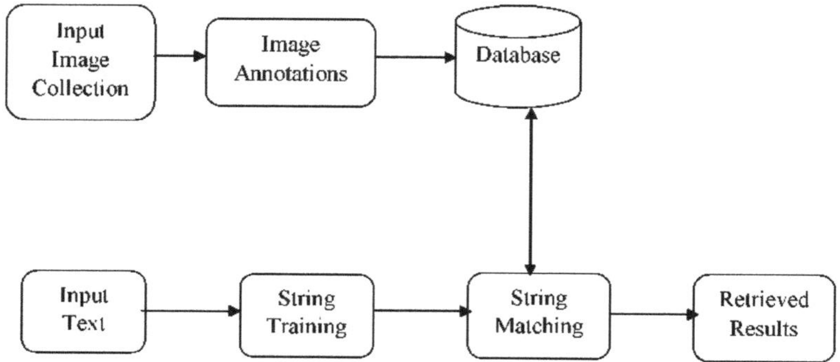

Figura 1.2 Diagrama de blocos do sistema de recuperação de imagens de satélite anotadas

1.2 Motivação

Atualmente, a recuperação de imagens de satélite é um tema de investigação interessante, tendo sido estudadas muitas técnicas para a recuperação de imagens. As imagens podem ser genéricas ou imagens de satélite. A recuperação de imagens com base na cor e no conteúdo das etiquetas é uma função auxiliar das bases de dados tradicionais de imagens com anotações de texto. O objetivo da recuperação de imagens de satélite é obter imagens de boa qualidade, uma vez que a tecnologia de satélite tem muitas aplicações em todos os domínios. Uma boa técnica de agrupamento e de recuperação é vital para este objetivo. Devido ao aumento do número de utilizadores em linha na Internet, a quantidade de colecções de imagens digitais tem crescido continuamente durante este período, por exemplo, em aplicações Web que permitem adicionar imagens e álbuns digitais. Também é importante referir que as imagens são globalmente utilizadas. A influência da televisão, das fotografias antigas e dos jogos também tem contribuído para este crescimento. As imagens são cada vez mais utilizadas para transmitir informação, quer seja uma informação local, meteorológica, publicitária, etc. Neste contexto, é necessário o desenvolvimento de sistemas adequados para gerir eficazmente estas colecções. Outro problema foi a complexidade dos dados de imagem, sendo que estes dados podem ser interpretados de várias formas, levantando assim a questão de como trabalhar de forma a manipular estes dados e representar ou estabelecer políticas para o seu conteúdo. Isto motivou o nascimento da área de recuperação de imagens cujo objetivo é tentar resolver esses problemas.

1.3 Âmbito do projeto

Com a atual explosão de fontes geradoras de imagens, é necessário um sistema de recuperação de imagens baseado em conteúdos para extrair informações destas bases de dados de imagens de forma eficiente e eficaz. Esse sistema de base de dados baseado em caraterísticas visuais não substituirá uma base de dados textual tradicional, mas melhorá-la-á. Uma base de dados convencional é essencialmente anotada por texto. A sua simplicidade e a baixa dimensão do espaço de caraterísticas tornam-na fácil de manipular. No entanto, a criação de índices para grandes arquivos de imagens e vídeos é morosa. Além disso, as descrições de imagens baseadas na linguagem não correspondem suficientemente às caraterísticas visuais da imagem e são necessários peritos no domínio para analisar manualmente o conteúdo de uma imagem em termos textuais. Com estas desvantagens, a recuperação baseada no conteúdo da imagem torna-se indispensável para o desenvolvimento de aplicações de recuperação de imagens de grande dimensão e realistas.

O objetivo de um sistema de recuperação de imagens é recuperar um conjunto de imagens de uma coleção de imagens de modo a que esse conjunto satisfaça os requisitos do utilizador. Os requisitos do utilizador podem ser especificados em termos de semelhança com outra imagem. Um sistema de recuperação de imagens fornece ao utilizador uma forma de aceder, navegar e recuperar imagens de forma eficiente e possivelmente em tempo real.

1.4 Objectivos

Para melhorar os resultados da recuperação de imagens de satélite, as técnicas de recuperação melhoradas com diferentes combinações de caraterísticas são as chaves fundamentais. As técnicas de recuperação melhoradas aumentam consideravelmente o desempenho da recuperação. Isto reduz o tempo de execução da tarefa com resultados de qualidade. O principal objetivo da investigação é fornecer os resultados mais precisos e relevantes para as imagens de satélite, descobrindo as técnicas de recuperação melhoradas com uma abordagem especial de feedback de relevância no conjunto de dados agrupados. O trabalho proposto foi concebido para aumentar a eficiência da recuperação, resultando numa recuperação de qualidade das imagens com um tempo de execução reduzido da tarefa.

Capítulo 2
Pesquisa bibliográfica

2.1 Introdução

Os seguintes trabalhos de investigação foram referidos com diferentes algoritmos para realizar o trabalho de projeto. A breve explicação e os resultados importantes sobre este assunto são discutidos de seguida. O principal objetivo de investigação do trabalho proposto é melhorar os resultados da recuperação. Por isso, as diferentes técnicas de recuperação, juntamente com o feedback de relevância, foram estudadas a seguir para a modificação do trabalho proposto para obter resultados de qualidade. O estudo das secções de diferentes documentos é apresentado a seguir.

2.2 Técnicas de recuperação de imagens de satélite (SIR)

O esquema de recuperação de imagens procura as imagens mais semelhantes a uma imagem de consulta, o que implica a comparação dos vectores de caraterísticas de todas as imagens da base de dados. A recuperação de imagens com base no conteúdo utiliza o conteúdo visual de uma imagem, como a cor, a forma, a textura e a disposição espacial, para representar e indexar a imagem. Nos sistemas típicos de recuperação de imagens com base no conteúdo, o conteúdo visual das imagens na base de dados é extraído e descrito por vectores de caraterísticas multidimensionais. Os vectores de caraterísticas das imagens na base de dados formam uma base de dados de caraterísticas. Para recuperar imagens, os utilizadores fornecem ao sistema de recuperação imagens de exemplo ou figuras esboçadas. O sistema transforma então esses exemplos na sua representação interna de vectores de caraterísticas. As semelhanças/distâncias entre os vectores de caraterísticas do exemplo ou esboço consultado e os das imagens na base de dados são então calculadas e a recuperação é efectuada com a ajuda de um esquema de indexação. O esquema de indexação proporciona uma forma eficiente de pesquisar a base de dados de imagens . Neste trabalho [13], ao consultar uma imagem, obtém-se um conjunto reduzido de imagens candidatas que têm o mesmo código de grelha que a imagem consultada. O histograma de cores de uma imagem é construído quantizando as cores dentro da imagem e contando o número de pixels de cada cor. O vetor de caraterísticas de uma imagem pode ser obtido a partir dos histogramas dos seus componentes de cor e, por fim, pode definir-se o número de compartimentos no histograma de cores para obter o vetor de caraterísticas do tamanho desejado. Assim, o código de grelha de uma imagem é obtido através da quantização do vetor de caraterísticas derivado do histograma da componente de cor desejada da imagem. Para que as caraterísticas das imagens sejam semelhantes, o código da grelha deve ser o mesmo para todas as imagens da grelha.

Neste documento,[14] é proposto um método de recuperação de imagens baseado no conteúdo que combina caraterísticas de cor e textura. Para melhorar o poder de discriminação das técnicas de indexação da cor, é codificada uma quantidade mínima de informação espacial no índice de cor. Como caraterísticas de cor, uma imagem é dividida horizontalmente em três regiões iguais não sobrepostas. De cada região da imagem, são extraídos os três primeiros momentos da distribuição da cor, de cada canal de cor, e armazenados no índice, ou seja, para um espaço de cor HSV, são armazenados 27 números de vírgula flutuante por imagem. Como caraterística de textura, são adoptados descritores de textura Gabor. São atribuídos pesos a cada caraterística, respetivamente, e a semelhança com as caraterísticas combinadas de cor e textura é calculada utilizando a distância de Camberra como medida de semelhança. O método proposto tem uma precisão de recuperação mais elevada do que outros métodos convencionais que combinam momentos de cor e caraterísticas de textura com base numa abordagem de caraterísticas globais. Apenas as caraterísticas de cor ou apenas as caraterísticas de textura não são suficientes para descrever uma imagem. Há um aumento considerável na eficiência da recuperação quando se combinam caraterísticas de cor e de textura.

Este documento[15] implementa um sistema de recuperação de imagens baseado em conteúdos que utiliza diferentes caraterísticas das imagens através de quatro métodos diferentes, três dos quais baseados na análise da caraterística da cor e o outro baseado na análise da caraterística da textura utilizando coeficientes de wavelet de gabor de uma imagem. Neste documento, a recuperação de imagens com base no conteúdo é concebida para recuperar imagens da base de dados disponível. Foram selecionadas várias técnicas para serem utilizadas nas várias etapas do algoritmo proposto. As imagens são analisadas com base nos momentos de cor e no correlograma automático. Além disso, a wavelet de Gabor é utilizada para calcular a energia média quadrada, que actua como a principal caraterística de identificação do conteúdo da imagem. O sistema proposto inclui os métodos integrados de extração de caraterísticas.

Neste artigo[16], é proposto um sistema de recuperação de imagens escalável baseado conjuntamente em anotações de texto e conteúdo visual. Os sistemas de pesquisa de imagens anotadas esforçam-se por combinar as duas pesquisas, ou seja, a pesquisa baseada em texto e a pesquisa baseada em conteúdo, para obter resultados mais exactos. A pesquisa por texto é um processo simples de comparação do texto fornecido pelo utilizador com o texto anotado/marcado das imagens da base de dados. Quando o texto de entrada coincide com o texto anotado/marcado da imagem, a imagem é recuperada, independentemente das caraterísticas da imagem. Assim, ao combinar a pesquisa baseada no texto e no conteúdo, as imagens irrelevantes podem ser eliminadas do resultado da pesquisa. O resultado perfeito do sistema de pesquisa de imagens anotadas é a combinação da pesquisa baseada no texto e da pesquisa baseada no conteúdo, selecionando as imagens comuns de ambas as pesquisas. Foi apresentado o melhor sistema de recuperação de imagens. A solução unifica técnicas bem estabelecidas baseadas no texto e no conteúdo, com o objetivo de ultrapassar a lacuna semântica dos sistemas de recuperação de imagens que se baseiam exclusivamente no conteúdo. As abordagens baseadas no conteúdo avaliam as semelhanças no domínio visual, o que proporciona representações mais objectivas para as imagens do que as anotações de texto. A seleção de imagens através da comparação semântica também ajuda a reduzir a dimensão do conjunto de dados para o hashing, o que reduz ainda mais o tempo gasto na comparação visual. Com esta estratégia de recuperação em duas fases, o tempo gasto na comparação baseada no conteúdo pode ser confinado a um intervalo tolerável pelo utilizador. Assim, a solução tem o potencial de ser ampliada para se adaptar a grandes colecções de imagens.

O artigo [17] apresenta uma abordagem híbrida para a recuperação de imagens com base em conteúdos, utilizando os métodos K-mean e de agrupamento hierárquico para um acesso melhor e mais eficiente às imagens. O sistema proposto demonstrou ser um método de recuperação promissor e melhor numa base de dados que contém imagens aleatórias de acordo com algumas categorias. As imagens estão em formato JPEG, PNG e GIF. As imagens são armazenadas numa base de dados backend e recuperadas de acordo com os atributos das imagens. Para extrair as caraterísticas da recuperação de imagens com base em conteúdos, utiliza-se a média para as medidas de localização e a distância euclidiana (ED) para as medidas de distância. O desempenho do sistema foi avaliado utilizando os métodos de precisão e de recuperação. O documento apresenta uma abordagem inovadora para a recuperação de imagens com base em conteúdos, combinando as caraterísticas das abordagens hierárquica e de agrupamento k-mean. A invenção desta técnica híbrida permite-nos obter resultados mais rápidos e melhores. A semelhança entre as imagens é determinada por meio da função de distância. O resultado experimental mostra que o método proposto supera os outros métodos de recuperação em termos de precisão média. Consequentemente, a precisão média é mais elevada na pesquisa por categoria do que na pesquisa por categoria mista.

2.3 Técnicas de agrupamento para o conjunto de dados SIR

No artigo [18], é proposto um novo algoritmo de aprendizagem competitiva para o treino de redes neuronais de camada única para a agregação de dados. O agrupamento detectado pode ser um conjunto de agrupamentos de diferentes estruturas geométricas. Os neurónios competem entre si com base na distância de simetria dos pontos em vez da distância euclidiana. O algoritmo de aprendizagem competitiva baseada na simetria (SBCL) funciona bem nos casos em que os conjuntos de dados não contêm estruturas geométricas cruzadas ou não se sobrepõem demasiado. Neste documento, é proposta uma versão baseada em simetria do algoritmo K-means.

Em 1995, "Cluster-Based Color Matching", Pattern Recognition, de Mohan S. Kankanhalli, T Babu M. Mehtre e Jian Kang Wut, propôs um novo método em que a agregação de cores pode ser utilizada para descobrir grupos e atribuir uma cor representativa a cada um desses grupos. Para cada pixel, calcular a distância entre as cores e os diferentes grupos. Atribuir o pixel ao agrupamento cuja distância de cor é mínima. Assim, cada pixel é atribuído a um dos clusters. Infelizmente, para um determinado conjunto de imagens a cores, não existe informação suficiente sobre o número e a população de clusters. Em Discriminative K Means for Clustering, propuseram um quadro que integra a seleção de subespaços e o agrupamento. Foi demonstrada a equivalência entre o agrupamento K-Means de kernel e a seleção iterativa do subespaço.

Em "Enhancing semi-supervised clustering" (Melhorar a agregação semi-supervisionada), W. Tang, H. Xiong, S. Zhang, J. Wu apresentaram um método de agregação semi-supervisionada baseado no K-Means esférico através da projeção de caraterísticas, que é adaptado para lidar com dados esparsos de elevada dimensão. Começaram por formular a projeção de caraterísticas guiada por restrições e, em seguida, aplicaram o algoritmo K-Means esférico com restrições para agrupar dados de dimensão reduzida.

Capítulo 3
Teoria relacionada

3.1 Introdução

As imagens de satélite têm sido utilizadas para uma grande variedade de aplicações em domínios como as florestas, a agricultura, a monitorização ambiental, a geologia, a gestão de catástrofes e muitos outros. Como o volume de imagens de satélite continua a crescer exponencialmente, resultando numa enorme base de dados de imagens de satélite, a gestão eficiente de uma grande coleção de bases de dados de imagens está a tornar-se um sério desafio. Por conseguinte, a recuperação de imagens de satélite (SIR), baseada no conteúdo, começou a incluir a conceção com base na experiência humana para satisfazer as expectativas dos utilizadores. O principal objetivo de investigação das técnicas de recuperação é recuperar as imagens de satélite. A SIR baseada no conteúdo envolve o processo de aplicação da extração de caraterísticas e da medição da semelhança entre as imagens. Para melhorar os resultados da recuperação com menos tempo de acesso, a recuperação de imagens baseada no conteúdo utiliza as seguintes técnicas para a extração de caraterísticas... A recuperação de imagens tem sido uma área de investigação muito ativa, com o impulso de duas grandes comunidades de investigação, a gestão de bases de dados e a visão computacional. Estas duas comunidades de investigação estudam a recuperação de imagens de diferentes ângulos, sendo uma baseada em texto e a outra baseada em conteúdo. Na recuperação de imagens com base em texto, uma estrutura muito popular de recuperação de imagens consistia em começar por anotar as imagens com texto e depois utilizar sistemas de gestão de bases de dados com base em texto para efetuar a recuperação de imagens. A recuperação de imagens com base em satélites [19] proporcionou uma forma automatizada de recuperar imagens com base no conteúdo ou nas caraterísticas das próprias imagens. O sistema de recuperação de imagens com base em satélites extrai simplesmente o conteúdo da imagem consultada, fazendo-o corresponder ao conteúdo da imagem pesquisada. A recuperação de imagens por satélite refere-se a técnicas utilizadas para indexar e recuperar imagens de bases de dados com base no seu conteúdo visual. O conteúdo visual é normalmente definido por um conjunto de caraterísticas de baixo nível extraídas de uma imagem que descrevem a cor, a textura e a forma de toda a imagem. A recuperação de imagens por satélite é a recuperação de imagens com base em caraterísticas visuais como a cor, a textura e a forma.

3.2 Cor

A caraterística da cor [20] é uma das caraterísticas visuais mais utilizadas na recuperação de imagens. O espaço de cor inclui momentos de cor, histograma de cor, vetor coerente de cor, correlograma de cor e caraterística invariante de cor. A textura é outra propriedade importante das imagens. Foram investigadas várias representações de textura no reconhecimento de padrões e na visão por computador. Basicamente, os métodos de representação de texturas podem ser classificados em duas categorias: estruturais e estatísticos. Os métodos estruturais, incluindo o operador morfológico e o gráfico de adjacência, descrevem a textura através da identificação de primitivas estruturais e das suas regras de colocação. Tendem a ser mais eficazes quando aplicados a texturas que são muito regulares. Os métodos estatísticos, incluindo os espectros de potência de Fourier, as matrizes de coocorrência, a análise de componentes principais invariantes por deslocação (SPCA), a caraterística Tamura, a decomposição de palavras, o campo aleatório de Markov, o modelo fractal e as técnicas de filtragem multiresolução, como as transformadas de Gabor e wavelet, caracterizam a textura pela distribuição estatística da intensidade da imagem. As caraterísticas de forma de objectos ou regiões têm sido utilizadas em muitos sistemas de recuperação de imagens baseados em conteúdos. Em comparação com as caraterísticas de cor e textura, as caraterísticas de forma são normalmente descritas depois de as imagens terem sido segmentadas em regiões ou objectos. Uma vez que é difícil conseguir uma segmentação de imagens robusta e precisa, a utilização de caraterísticas de forma para a recuperação de imagens tem-se limitado a

11

aplicações especiais em que os objectos ou regiões estão facilmente disponíveis. Os métodos mais avançados de descrição da forma podem ser classificados em formas rectilíneas baseadas em limites, aproximação poligonal, modelos de elementos finitos e descritores de forma baseados em Fourier ou métodos baseados em regiões (momentos estatísticos).

3.2.1 Extração de caraterísticas

A extração de caraterísticas [21] é a base da recuperação de imagens com base no conteúdo. O objetivo da extração de caraterísticas é obter uma representação compacta e perceptualmente relevante do conteúdo de cor de uma imagem. Até à data, as caraterísticas baseadas no histograma da imagem têm sido amplamente utilizadas na recuperação de imagens. No entanto, um conjunto de caraterísticas baseado apenas nessa informação não modela adequadamente a forma como os seres humanos percepcionam a aparência da cor de uma imagem. Foi demonstrado que, na fase inicial da perceção, o sistema visual humano efectua a identificação das cores dominantes eliminando os detalhes mais finos e calculando a média das cores em pequenas áreas. Antes de selecionar uma descrição de cor adequada, é necessário determinar primeiro o espaço de cor. Um dos principais aspectos da extração de caraterísticas de cor é a escolha de um espaço de cor. Um espaço de cor é um espaço multidimensional em que as diferentes dimensões representam os diferentes componentes da cor.

3.2.2 Histograma HSV (matiz, saturação e valor)

O histograma de cores é normalmente utilizado para a recuperação de imagens. É obtido através da quantização das cores numa imagem e da contagem da frequência de ocorrência de cada cor quantizada. Um histograma de cores representa a distribuição das cores numa imagem, em que cada caixa do histograma corresponde a uma cor no espaço de cores quantizado. Os histogramas de cor são um conjunto de compartimentos em que cada compartimento representa uma cor específica do espaço de cor que está a ser utilizado. O número de compartimentos depende do número de cores existentes na imagem. O histograma de cores serve como uma representação eficaz do conteúdo de cor de uma imagem se o padrão de cor for único em comparação com o resto do conjunto de dados. O histograma de cores é fácil de calcular e eficaz na caraterização da distribuição global e local das cores numa imagem. Além disso, é resistente à translação e à rotação em torno do eixo de visualização e altera-se apenas lentamente com a escala, a oclusão e o ângulo de visualização. Uma vez que qualquer pixel na imagem pode ser descrito por três componentes num determinado espaço de cor (por exemplo, componentes vermelho, verde e azul no espaço RGB, ou matiz, saturação e valor no espaço HSV), pode ser definido um histograma, ou seja, a distribuição do número de pixéis para cada compartimento quantizado, para cada componente. Claramente, quanto mais compartimentos um histograma de cores contiver, maior será o seu poder de discriminação. No entanto, um histograma com um grande número de compartimentos não só aumentará o custo computacional, como também será inadequado para a criação de índices eficientes para bases de dados de imagens. O histograma de cores não tem em consideração a informação espacial dos pixéis, pelo que imagens muito diferentes podem ter distribuições de cores semelhantes. Este problema torna-se especialmente grave em bases de dados de grande escala. Para aumentar o poder de discriminação, foram propostas várias melhorias para incorporar a informação espacial. Uma abordagem simples consiste em dividir uma imagem em sub-áreas e calcular um histograma para cada uma dessas sub-áreas. Como já foi referido, a divisão pode ser tão simples como uma partição retangular, ou tão complexa como uma região ou mesmo uma segmentação de objectos. Aumentar o número de subáreas aumenta a informação sobre a localização, mas também aumenta a memória e o tempo de computação.

3.2.3 Autocorrelograma de cor

O correlograma de cores é uma tabela indexada por pares de cores de uma imagem. Contém a correlação espacial das cores e tolera de forma robusta grandes alterações na aparência. Representa a correlação espacial de pares de cores que se altera com a distância. Tolera de forma robusta grandes alterações na aparência e na forma causadas por alterações nas posições de visualização, zoom da câmara, etc. É fácil de calcular. O tamanho da caraterística é relativamente pequeno. O correlograma de cores é uma nova caraterística de cor para indexação e recuperação de imagens. O correlograma de cores representa a correlação espacial de pares de cores que se altera com a distância. Tolera de forma robusta grandes alterações na aparência e na forma causadas por mudanças nas posições de visualização, zoom da câmara, etc. O tamanho da caraterística é relativamente pequeno e fácil de calcular.

3.2.4 Momentos de cor

Os momentos de cor são medidas que podem ser utilizadas para diferenciar imagens com base nas suas caraterísticas de cor. Uma vez calculados, estes momentos fornecem uma medida para a semelhança de cores entre imagens. Estes valores de semelhança podem então ser comparados com os valores de imagens indexadas numa base de dados para tarefas como a recuperação de imagens. A base dos momentos de cor assenta no pressuposto de que a distribuição de cor numa imagem pode ser interpretada como uma distribuição de probabilidade. As distribuições de probabilidade são caracterizadas por um número de momentos únicos. Por conseguinte, se a cor de uma imagem seguir uma determinada distribuição de probabilidades, os momentos dessa distribuição podem ser utilizados como caraterísticas para identificar essa imagem com base na cor. A distribuição da cor numa imagem pode ser interpretada como uma distribuição de probabilidades. As distribuições de probabilidade são caracterizadas por um número de momentos únicos. Os momentos da cor têm sido utilizados com sucesso em muitos sistemas de recuperação, especialmente quando a imagem contém apenas o objeto. Os momentos de cor de primeira ordem (média), de segunda ordem (variância) e de terceira ordem (assimetria) provaram ser eficientes e eficazes na representação das distribuições de cor das imagens. Os momentos de cor são uma representação muito compacta em comparação com outras caraterísticas de cor. Devido a esta compacidade, pode também diminuir o poder de discriminação. Normalmente, os momentos de cor podem ser utilizados como primeira passagem para restringir o espaço de pesquisa antes de serem utilizadas outras caraterísticas de cor sofisticadas para a recuperação.

3.3 Textura

A textura é outra propriedade importante das imagens. Foram investigadas várias representações de textura no domínio do reconhecimento de padrões e da visão por computador. Basicamente, os métodos de representação de texturas podem ser classificados em duas categorias: estruturais e estatísticos. Os métodos estruturais, incluindo o operador morfológico e o gráfico de adjacência, descrevem a textura através da identificação de primitivas estruturais e das suas regras de colocação. Tendem a ser mais eficazes quando aplicados a texturas que são muito regulares. Os métodos estatísticos, incluindo os espectros de potência de Fourier, as matrizes de coocorrência, a análise de componentes principais shift-invariant (SPCA), a caraterística de Tamura, a decomposição de Wold, o campo aleatório de Markov, o modelo fractal e as técnicas de filtragem multi-resolução, como as transformadas de Gabor e wavelet, caracterizam a textura pela distribuição estatística da intensidade da imagem. Nesta secção, apresentamos uma série de representações de textura que têm sido utilizadas frequentemente e que provaram ser eficazes em sistemas de recuperação de imagens baseadas em conteúdos. A textura [32] é definida como uma estrutura de superfícies formada pela repetição de um determinado elemento ou de vários elementos em diferentes posições espaciais relativas. Geralmente, a repetição envolve variações locais de escala, orientação ou outras caraterísticas geométricas e ópticas dos elementos. As texturas de imagens são definidas como imagens de superfícies com texturas naturais e padrões visuais criados artificialmente. Contém informações importantes sobre a disposição estrutural da superfície, ou seja, nuvens, folhas, tijolos, tecidos, etc. Também descreve a relação da superfície com o ambiente circundante. É uma caraterística que descreve a composição física distintiva de uma superfície. A wavelet de Gabor é amplamente adotada para extrair textura das imagens para recuperação e tem-se revelado muito eficiente. Basicamente, os filtros de Gabor são um grupo de wavelets, em que cada wavelet capta energia numa frequência e orientação específicas. A propriedade de escala e orientação ajustável do filtro de Gabor torna-o especialmente útil para a análise de texturas.

3.4 Forma

As caraterísticas da forma [33, 34] de objectos ou regiões têm sido utilizadas em muitas recuperações de imagens baseadas no conteúdo. Em comparação com as caraterísticas de cor e textura, as caraterísticas de forma são normalmente descritas depois de as imagens terem sido segmentadas em regiões ou objectos. Uma vez que é difícil conseguir uma segmentação de imagens robusta e precisa, a utilização de caraterísticas de forma para a recuperação de imagens tem-se limitado a aplicações especiais em que os objectos ou regiões estão facilmente disponíveis. Os métodos mais avançados de descrição da forma podem ser classificados em formas rectilíneas baseadas em limites, aproximação poligonal, modelos de elementos finitos e descritores de forma baseados em Fourier ou métodos baseados em momentos estatísticos de regiões. Uma boa representação da forma de um objeto deve ser invariante à translação, rotação e escala.

3.5 Feedback de relevância (RF)

O feedback de relevância (RF) é uma técnica que incorpora o utilizador no processo de recuperação. As duas formas mais comuns de utilizar RF em CBIR são:

- modificar a imagem de consulta com base nos verdadeiros positivos devolvidos e

- modificar os resultados através da atribuição de pesos que demonstrem a sua relevância.

O mecanismo de feedback de relevância solicita ao utilizador que marque a relevância das imagens recuperadas e, em seguida, aperfeiçoa os resultados através da aprendizagem dos feedbacks do utilizador. O procedimento de feedback de relevância é repetido vezes sem conta até que os objectivos sejam encontrados. A ideia básica do feedback de relevância é transferir o ónus de encontrar a formulação correta da consulta do utilizador para o sistema. Para que isto seja verdade, o utilizador tem de fornecer ao sistema algumas informações, para que o sistema possa ter um bom desempenho na resposta à consulta original. O feedback de relevância permite ao utilizador alterar a ordem de classificação das imagens devolvidas por uma consulta. No entanto, se uma consulta semelhante for apresentada uma segunda vez, o sistema deve manter as preferências do utilizador aprendidas anteriormente, melhorando assim a eficiência e a qualidade da pesquisa. Além disso, diferentes utilizadores que apresentem consultas idênticas podem esperar resultados muito diferentes. Por exemplo, dada uma consulta "maçã", algumas pessoas podem esperar procurar frutas e outras computadores. Assim, o nosso objetivo é construir um sistema de indexação e recuperação de imagens que aprenda as preferências do utilizador.

3.6 Máquina de vetor de suporte (SVM)

As máquinas de vectores de suporte (SVM) são máquinas de aprendizagem supervisionada baseadas na teoria da aprendizagem estatística que podem ser utilizadas para o reconhecimento de padrões e a regressão. A teoria da aprendizagem estatística pode identificar com bastante precisão os factores que devem ser tidos em conta para aprender com êxito certos tipos simples de algoritmos. No entanto, as aplicações do mundo real necessitam normalmente de modelos e algoritmos mais complexos (como as redes neuronais), o que os torna muito mais difíceis de analisar teoricamente. As SVM podem ser consideradas como estando na intersecção entre a teoria e a prática da aprendizagem. Constroem modelos que são suficientemente complexos (contendo uma grande classe de redes neuronais, por exemplo) e, no entanto, suficientemente simples para serem analisados matematicamente. Isto deve-se ao facto de uma SVM poder ser vista como um algoritmo linear num espaço de dimensão elevada. Um dos melhores algoritmos utilizados para a classificação supervisionada é a máquina de vectores de suporte (SVM). Uma máquina de vectores de suporte (SVM) é um conceito em estatística e ciências da computação para um conjunto de métodos de aprendizagem supervisionada relacionados que analisam dados e reconhecem padrões, utilizados para classificação e análise de regressão.

O SVM padrão pega num conjunto de dados de entrada e prevê, para cada entrada dada, qual das duas classes possíveis forma a entrada, o que faz do SVM um classificador linear binário não probabilístico.

Considere o problema de duas classes em que as classes são linearmente separáveis. Seja o conjunto de dados D dado como (x1, y1), (x2, y2) .... (xd, yd), em que xi é o conjunto de tuplas de treino com etiquetas de classe associadas, yi. Cada yi pode assumir um dos dois valores, +1 ou -1. Os dados são linearmente separáveis porque um grande número de linhas rectas pode separar os pontos de dados em duas classes distintas em que, na classe 1, y=+1 e na classe 2, y= -1. Os melhores hiperplanos de separação serão aqueles que têm a margem máxima entre eles. O hiperplano com a margem máxima será mais preciso na classificação dos futuros tuplos de dados do que o de margem mais pequena. O hiperplano de separação pode ser escrito da seguinte forma

$$w . x + b = 0 \tag{3.1}$$

Em que w é um vetor de pesos e b é uma polarização (escalar).

A margem máxima é indicada matematicamente pela fórmula a seguir apresentada.

$$M = \frac{2}{\|w\|} \tag{3.2}$$

Onde, $\|w\|$ é a norma euclidiana de w.

O hiperplano de margem máxima é um limite de classe linear e, por conseguinte, a SVM correspondente pode ser utilizada para classificar dados linearmente separáveis e essa SVM treinada é conhecida como SVM linear. Utilizando a fórmula de Lagrangian, o hiperplano de margem máxima pode ser reescrito como o limite de decisão para a classificação do teste ou de novos tuplos, como se indica a seguir.

$$D(x^t) = \sum_{i-1}^{l} y_i a_i x^t + b_0 \tag{3.3}$$

Onde, **yi** é o rótulo da classe do vetor de apoio x_i

. x^t é uma tupla de teste,

. a_i s um multiplicador Lagrangiano,

. b_0 é um parâmetro numérico,

. l é o número de vectores de apoio.

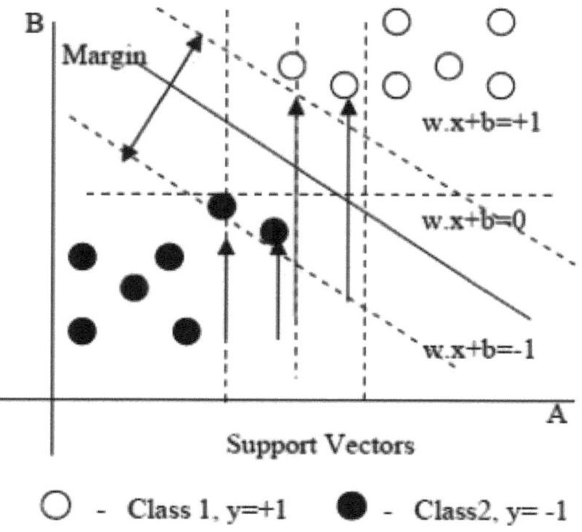

Figura 2.1. Dados linearmente separáveis mostrando Vectores de Apoio

Para dados linearmente separáveis, os vectores de apoio são o subconjunto de tuplas de treino reais. Esta equação indica-nos em que lado do hiperplano se situa a tupla de teste xT. Se o sinal for positivo, então xT cai no hiperplano de margem máxima ou acima dele e o SVM prevê que xT pertence à classe +1. Se o sinal for negativo, então xT cai no hiperplano de margem máxima ou abaixo dele e a previsão da classe é -1.

3.7 Otimização por Enxame de Partículas (PSO)

O algoritmo Particle Swarm Optimization (PSO) é um método de otimização global originalmente desenvolvido por Kennedy e Eberhart. É um algoritmo de inteligência de enxame que emula comportamentos de enxame, como a colónia de aves e o cardume de peixes. É um algoritmo de aprendizagem iterativo baseado na população que partilha algumas caraterísticas comuns com outros algoritmos de computação evolutiva. A otimização por enxame de partículas (PSO) baseia-se na sua estratégia de aprendizagem para orientar a direção da pesquisa. No entanto, as partículas voam no espaço de pesquisa e ajustam a sua trajetória de voo de acordo com a sua melhor experiência pessoal e a melhor experiência da sua vizinhança, em vez de o fazerem através de partículas submetidas a operações genéticas como a seleção, o cruzamento e a mutação. Os algoritmos PSO utilizam partículas que se deslocam num espaço de dimensão n para procurar soluções para um problema de otimização de funções com n variáveis. Todas as partículas têm valores de aptidão que são avaliados pela função de aptidão a ser optimizada, e têm velocidades que orientam o voo das partículas. As partículas voam através do espaço do problema seguindo as partículas com as melhores soluções até ao momento. O PSO é inicializado com um grupo de partículas aleatórias (soluções) e, em seguida, procura o ótimo através da atualização de cada geração.

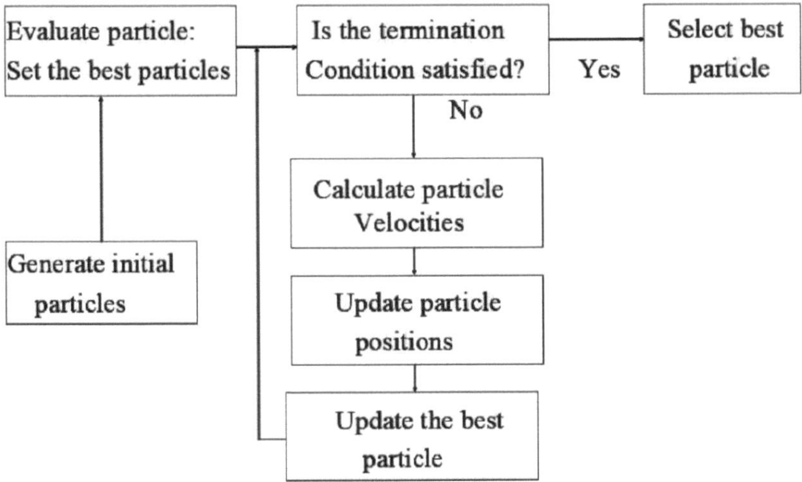

Figura 3.2 Estrutura básica da otimização por enxame de partículas

O PSO utiliza partículas que se deslocam num espaço de dimensão n para procurar soluções para um problema de otimização de funções com n variáveis. Todas as partículas têm valores de aptidão que são avaliados pela função de aptidão a ser optimizada, e têm velocidades que orientam o voo das partículas. As partículas voam através do espaço do problema seguindo as partículas com as melhores soluções até ao momento. O PSO é inicializado com um grupo de partículas aleatórias (soluções) e, em seguida, procura o ótimo actualizando cada geração. A estrutura básica do PSO é apresentada na figura acima. Existem diferentes topologias de vizinhança utilizadas para identificar quais as partículas do enxame que podem influenciar os indivíduos. As mais comuns são as conhecidas como gbest e lbest. No enxame gbest, a trajetória de cada indivíduo (partícula) é influenciada pelo melhor indivíduo encontrado em todo o enxame. Assume-se que os enxames gbest convergem rapidamente, uma vez que todas as partículas são atraídas simultaneamente para a melhor parte do espaço de pesquisa. No entanto, se o ótimo global não estiver próximo da melhor partícula, pode ser impossível para o enxame explorar outras áreas e, consequentemente, o enxame pode ficar preso num ótimo local. No enxame lbest, cada indivíduo é influenciado por um número menor de seus vizinhos. Normalmente, as vizinhanças do lbest são compostas por dois vizinhos: um do lado direito e outro do lado esquerdo (uma rede em anel). Este tipo de enxame converge mais lentamente, mas pode localizar o ótimo global com maior probabilidade. Os sub enxames podem explorar diferentes óptimos. O PSO é particularmente atrativo para a seleção de caraterísticas, na medida em que os enxames de partículas descobrem as melhores combinações de caraterísticas à medida que voam no espaço do problema. O seu objetivo é voar para a melhor posição. Ao longo do tempo, mudam a sua posição, comunicam entre si e procuram a melhor posição local e a melhor posição global. Eventualmente, devem convergir para posições boas, possivelmente óptimas. É esta capacidade de exploração dos enxames de partículas que os deve equipar melhor para efetuar a seleção de caraterísticas e descobrir subconjuntos óptimos.

3.8 Agrupamento K-Means

O K-means [23] é um dos algoritmos de aprendizagem não supervisionada mais simples que resolve o conhecido problema da agregação. O passo básico do agrupamento k-means é simples. No início, determinamos o número de clusters K e assumimos o centróide ou centro desses clusters. Podemos tomar quaisquer objetos aleatórios como centróides iniciais ou os primeiros K objetos da sequência também podem servir como centróides iniciais. Iterar até ficar estável Primeiro, determinar a coordenada do centróide, depois determinar a distância de cada objeto aos centróides e, finalmente, agrupar o objeto com base na distância mínima. Este método não hierárquico considera inicialmente o número de componentes da população igual ao número final necessário de clusters. Nesta etapa, o número final necessário de clusters é escolhido de forma a que os pontos estejam mutuamente mais afastados. Em seguida, examina cada componente da população e atribui-o a um dos agrupamentos em função da distância mínima. A posição do centróide é recalculada sempre que um componente é adicionado ao agrupamento e isto continua até que todos os componentes estejam agrupados no número final necessário de agrupamentos. O K-means (MacQueen, 1967) é um dos algoritmos mais simples de aprendizagem não supervisionada que resolve o conhecido problema de agrupamento.

Capítulo 4

Conceção e metodologia

Este capítulo inclui a ideia e a conceção do trabalho proposto para a recuperação de imagens de satélite utilizando diferentes técnicas de recuperação para atingir o objetivo da investigação. Nesta secção, descrevem-se os vários métodos implementados e os algoritmos utilizados. A recuperação de imagens de deteção remota baseada na indexação semântica proposta é implementada na plataforma de trabalho MATLAB (versão 7.12). As imagens de satélite da base de dados fornecida foram recuperadas utilizando a caraterística da cor, depois a etiqueta e, em seguida, a combinação das técnicas de recuperação da cor e da etiqueta para verificar e melhorar a precisão dos resultados da recuperação. Para a recuperação de imagens com base na cor, está a ser utilizado o autocorrelograma de cor, os momentos de cor e o histograma HSV. As imagens da base de dados são classificadas num conjunto de clusters com base na cor e na etiqueta para uma recuperação rápida dos resultados, uma vez que a base de dados é constituída por 1000 imagens. O resultado do acesso ao SIR utilizando as técnicas de recuperação por cor e por etiqueta é apresentado na figura seguinte.

A metodologia global adaptada no trabalho proposto é a seguinte:

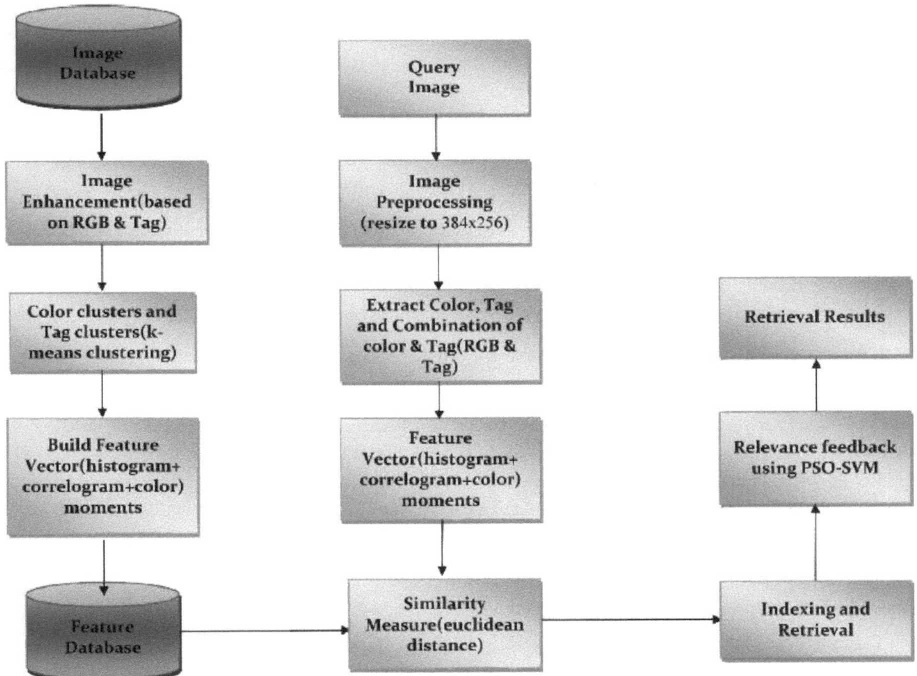

Figura 4.1. Arquitetura do sistema de recuperação de imagens de satélite proposto

4.1 Recuperação de imagens de satélite com base em anotações

Muitos motores de busca utilizam a consulta por etiqueta ou anotações. As imagens são etiquetadas manualmente no conjunto de dados e as consultas são efectuadas apenas com base nas etiquetas. A semelhança entre a imagem de consulta e as imagens do conjunto de dados pode ser medida utilizando a fórmula da distância de edição. Quanto mais baixa for a distância de edição, mais semelhante é a cadeia de imagens do conjunto de dados com a cadeia de imagens consultada. A fórmula da distância de edição é baseada no algoritmo de programação dinâmica. A comparação das cadeias de caracteres é efectuada utilizando as três operações, ou seja, inserir, eliminar e substituir. A anotação de imagens é um processo em que cada imagem é submetida ao algoritmo de anotação para extrair o conteúdo da imagem e formar um texto anotado relevante para a imagem. No nosso trabalho, a base de dados está limitada a 1000 imagens, pelo que utilizamos o método de anotação manual para marcar as imagens relevantes. A fórmula da distância de edição baseia-se no algoritmo de programação dinâmica. A fórmula da distância de edição é apresentada de seguida. A distância entre as duas cadeias de caracteres $a = a_1 \ldots \ldots a_i$ e $b = b_1 \ldots \ldots b_j$ é dada por $D_{i,j}$

$$D_{i,j} = min \begin{cases} D(i-1,j-1) + d(a_i, b_j) \\ D(i-1,j) + 1 \\ D(i,j-1) + 1 \end{cases} \quad (4.1)$$

$$D(i + 1, j + 1) = min([D(i,j) + ReplD(i + 1,j)DelcostD(i,j + 1) + Inscost]) \quad (4.2)$$

Onde, Repl é a substituição, Del é o custo de eliminação e Ins é o custo de inserção da cadeia.

4.2 Recuperação de imagens de satélite com base no conteúdo da imagem

O SIR foi concebido para recuperar as imagens da base de dados agrupada. O algoritmo proposto utiliza duas técnicas de recuperação, ou seja, cor e etiqueta. Em primeiro lugar, as imagens são analisadas com base nos momentos de cor e no correlograma automático. Em seguida, a técnica de recuperação de imagens baseada em etiquetas e na distância de edição é aplicada para SIR. Por último, a combinação das técnicas baseadas na cor e na etiqueta é aplicada à base de dados para a recuperação de imagens.

4.2.1 Recuperação de imagens com base na cor

A cor é uma das caraterísticas mais importantes que tornam possível o reconhecimento de imagens pelos seres humanos e a caraterística da cor é uma das caraterísticas visuais mais utilizadas na recuperação de imagens. A cor é uma propriedade que depende da reflexão da luz no olho e do processamento dessa informação no cérebro. É uma dimensão importante da perceção visual humana que permite a discriminação e o reconhecimento da informação visual. As caraterísticas da cor são relativamente fáceis de extrair e fazer corresponder, tendo-se verificado que são eficazes para indexar e procurar imagens a cores em bases de dados de imagens. A abordagem passo a passo da recuperação de imagens com base na cor é apresentada de seguida.

Passo 1: Pré-processamento da imagem.

Redimensionar uma imagem para 384x256 para reduzir o ruído, melhorar o contraste e a nitidez da imagem e obter resultados de qualidade. Conversão de RGB para escala de cinzentos: converte a imagem de cor verdadeira RGB para a imagem de intensidade de escala de cinzentos. A função rgb2gray converte imagens RGB em escala de cinzentos, eliminando a informação de matiz e saturação e mantendo a luminância.

Passo 2: Formação de grupos de cores e etiquetas.

O K-means é um dos algoritmos mais simples de aprendizagem não supervisionada que resolve o conhecido problema de agrupamento. O passo básico do agrupamento k-means é simples. No início, determinamos o número de clusters K e assumimos o centróide ou centro desses clusters. Podemos tomar quaisquer objectos aleatórios como centróides iniciais ou os primeiros K objectos da sequência também podem servir como centróides iniciais. Em seguida, o algoritmo K means executará os três passos seguintes até à convergência. Iterar até *ficar estável* (= nenhum objeto se move no grupo): Primeiro, determinar a coordenada do centróide, depois determinar a distância de cada objeto aos centróides e, finalmente, agrupar o objeto com base na distância mínima. Utilizando este algoritmo, as imagens são agrupadas em clusters de vermelho, verde e azul, em que cada cluster contém um tipo de imagem semelhante. Do mesmo modo, os grupos de etiquetas são formados com base nos nomes costa, floresta, metro e deserto.

Passo 3: Conversão da imagem do espaço de cor RGB para o espaço de cor HSV.

O espaço de cor HSV é amplamente utilizado no domínio da visão cromática. Os componentes cromáticos matiz, saturação e valor correspondem de perto às categorias da perceção humana da cor. A quantização do número de cores em vários compartimentos é efectuada para diminuir o número de cores utilizadas na recuperação de imagens. J.R. Smith [25] concebeu um esquema para quantizar o espaço de cores em 166 cores. Li [24] concebeu um esquema não uniforme para quantizar em 72 cores. Os valores HSV de um pixel podem ser transformados a partir da sua representação RGB de acordo com a seguinte fórmula:

$$H = cos^{-1} \frac{\frac{1}{2}[((R-G)(R-B))]}{\sqrt[2]{(R-G)^2+(R-G)(R-B)}} \tag{4.3}$$

$$S = 1 - \frac{3}{R+G+B}(\min (R,G,B)) \tag{4.4}$$

$$V = \frac{1}{3}(R + G + B) \tag{4.5}$$

Passo 4 : Aplicar o correlograma de cor e os momentos de cor nas imagens.

O correlograma de cor e o vetor de momento de cor podem combinar a correlação espacial das regiões de cor, bem como a distribuição global da correlação espacial local das cores. Estas técnicas têm um melhor desempenho do que os histogramas de cores tradicionais. A fórmula do autocorrelograma[26][27] é a seguinte [d] denota um conjunto de d distâncias fixas {d1... dD}. Em seguida, o correlograma da imagem I é definido para o par de níveis (g_i , g_j) a uma distância d.

$$\gamma_{(g_i,g_j)}{}^{(d)}(I) = \Pr_{p_1 \in I_{g_i,}\, p_2 \in I}\left\lfloor p_2 \in I_{g_i} \| p_1 - p_2 = d| \right\rfloor \tag{4.6}$$

O que dá a probabilidade de que, dado qualquer pixel pl de nível gi, um pixel p2 a uma distância d numa determinada direção do pixel pl dado seja de nível gi. O autocorrelograma capta apenas a correlação espacial de níveis idênticos:

$$a_g{}^{(d)}(I) = \gamma_{(g_i,g_j)}{}^{(d)}(I) \tag{4.7}$$

Dá a probabilidade de os pixéis p1 e p2, distantes d um do outro, terem o mesmo nível gi.

Os momentos de cor têm sido utilizados com êxito em sistemas de recuperação de imagens baseados em conteúdos. Foi demonstrado [12] que a caraterização de distribuições de cor unidimensionais com os três primeiros momentos é mais robusta e mais rápida do que os métodos baseados em histogramas.

O primeiro momento de cor da i-ésima componente de cor (3,2,1 = i) é definido por

$$M_i{}^1 = \frac{1}{N}\sum_{j=1}^{N} P_{i,j} \tag{4.8}$$

em que p i,j é o valor da cor da i-ésima componente de cor do j-ésimo pixel da imagem e N é o número total de pixels da imagem. O h-ésimo momento, h = 1, 2, 3... ... do i-ésimo componente de cor é então definido como

$$M_i{}^h = \left(\tfrac{1}{N}\sum_{j=1}^{N}\left(p_{i,j} - M_i{}^1\right)^h\right)^{\frac{1}{h}} \qquad (4.9)$$

Os três vectores de caraterísticas do histograma, do correlograma e dos momentos de cor são combinados para formar um único vetor de caraterísticas e armazenados na base de dados para formar uma base de dados de caraterísticas. Para melhorar o poder de discriminação das técnicas de indexação de cores, a imagem é dividida em três regiões verticais e as três técnicas de indexação são avaliadas e armazenadas em colunas diferentes com uma única linha. O resultado da recuperação utilizando apenas uma caraterística pode ser ineficiente. Pode recuperar imagens não semelhantes à imagem objeto de consulta ou pode não recuperar imagens semelhantes às imagens objeto de consulta. Assim, para produzir resultados eficientes, combinam-se três vectores.

Passo 5: Comparação entre os vectores de caraterísticas utilizando uma medida de semelhança e indexação de imagens.

Em vez da correspondência exacta, a recuperação de imagens com base no conteúdo calcula as semelhanças visuais entre uma imagem de consulta e as imagens de uma base de dados. Assim, o resultado da recuperação não é uma única imagem, mas uma lista de imagens classificadas pelas suas semelhanças com a imagem consultada. Nos últimos anos, foram desenvolvidas muitas medidas de semelhança para a recuperação de imagens com base em estimativas empíricas da distribuição das caraterísticas. Diferentes medidas de semelhança/distância afectam significativamente o desempenho de um sistema de recuperação de imagens. Assim, estamos a utilizar a fórmula da distância euclidiana para comparar imagens. Quanto menor for a distância entre duas imagens, mais semelhantes são as imagens. A indexação das imagens após as comparações é efectuada utilizando a ordem ascendente das distâncias entre as imagens. A imagem que tiver a distância mais baixa/mínima após a comparação com a imagem de consulta será indexada na primeira posição e terá a mesma primeira posição nos resultados da pesquisa, e assim sucessivamente.

$$E = \sqrt{\sum_{i=1}^{n}\left((p_i - q_i)^2\right)} \qquad (4.10)$$

Em que p e q são os vectores de duas imagens e E é a distância euclidiana entre a imagem consultada e a imagem da base de dados.

4.2.2 Recuperação de imagens baseada em conteúdo e anotação combinados

O resultado da recuperação utilizando apenas uma caraterística pode ser ineficiente. Pode recuperar imagens não semelhantes à imagem objeto de consulta ou pode não recuperar imagens semelhantes à imagem objeto de consulta. Assim, para produzir resultados eficientes, utilizamos uma combinação de caraterísticas de cor e de etiqueta ou anotação. A semelhança entre a imagem de consulta e a imagem de destino é medida a partir de dois tipos de caraterísticas, que incluem caraterísticas de cor e de etiqueta. Os dois tipos de caraterísticas das imagens representam diferentes aspectos da propriedade. À semelhança da recuperação de imagens com base na cor, carregar a imagem com etiqueta para consulta. Em seguida, constrói os vectores de caraterísticas com base na cor e compara os valores das caraterísticas e a cadeia de consulta armazenada na base de dados agrupada utilizando a fórmula de distância euclidiana e de edição. Obter o resultado de recuperação mais exato. Na recuperação combinada de imagens, ambas as comparações, ou seja, a cor e a etiqueta, são efectuadas simultaneamente e os resultados são recuperados.

4.3 Feedback de relevância utilizando PSO-SVM

O mecanismo de feedback de relevância solicita ao utilizador que marque a relevância das imagens recuperadas e, em seguida, aperfeiçoa os resultados através da aprendizagem dos feedbacks do utilizador. O procedimento de feedback de relevância é repetido vezes sem conta até que os alvos sejam encontrados. A ideia básica do feedback de relevância é transferir o ónus de encontrar a formulação correta da consulta do utilizador para o sistema. Para que isto seja verdade, o utilizador tem de fornecer ao sistema algumas informações, para que o sistema possa ter um bom desempenho na resposta à consulta original. Em seguida, o utilizador dá o seu feedback sob a forma de "juízos de relevância" expressos sobre os resultados da recuperação. Os juízos de relevância avaliam os resultados com base numa avaliação de três valores. Estes três valores são: relevante, não relevante e indiferente. Se o feedback do utilizador for relevante, o ciclo de feedback pára; caso contrário, continua até o utilizador ficar satisfeito com os resultados. No sistema proposto, utilizamos o novo conceito de otimização por enxame de partículas para extrair as caraterísticas das imagens relevantes e irrelevantes e a máquina de vectores de apoio classifica as imagens como relevantes e irrelevantes com base na PSO.

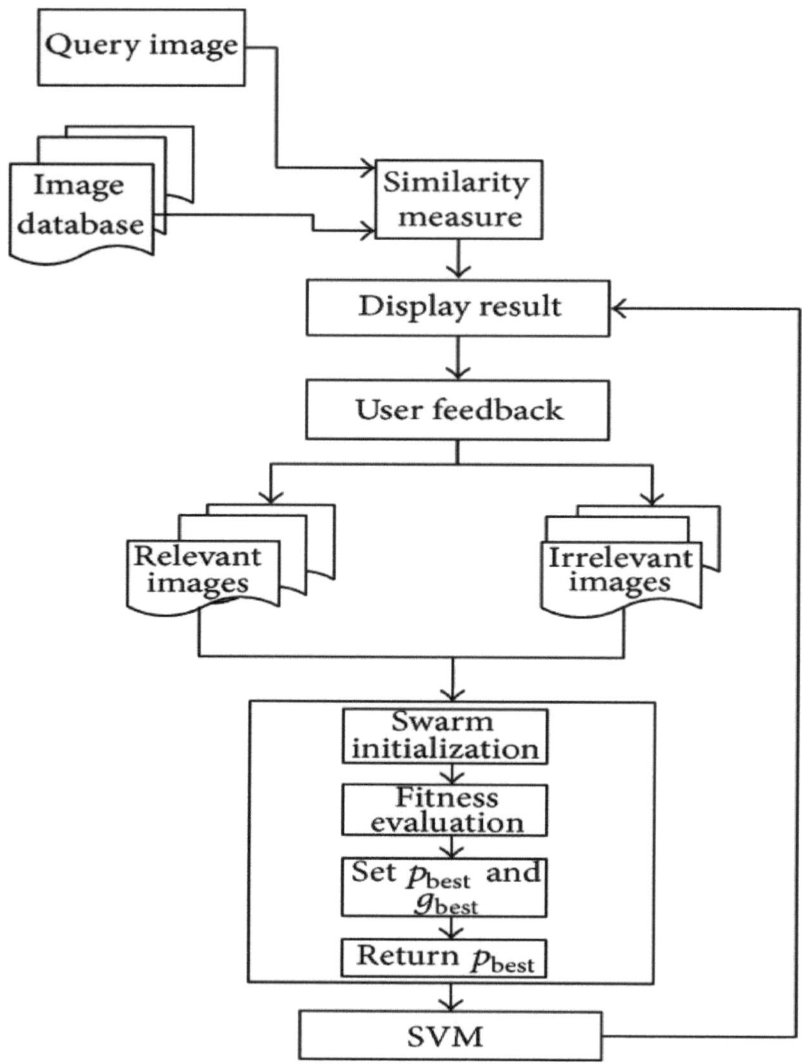

Figura 4.2 Fluxograma da proposta de feedback de relevância PSO-SVM para SIR

4.3.1 Otimização por Enxame de Partículas (PSO)

O algoritmo Particle Swarm Optimization (PSO) é um método de otimização global originalmente desenvolvido por Kennedy e Eberhart. É um algoritmo de inteligência de enxame que emula comportamentos de enxame, como a colónia de aves e o cardume de peixes. É um algoritmo de aprendizagem iterativo baseado na população que partilha algumas caraterísticas comuns com outros algoritmos de computação evolutiva. A otimização por enxame de partículas (PSO) baseia-se na sua estratégia de aprendizagem para orientar a direção da pesquisa. No entanto, as partículas voam no espaço de pesquisa e ajustam a sua trajetória de voo de acordo com a sua melhor experiência pessoal e a melhor experiência da sua vizinhança, em vez de o fazerem através de partículas submetidas a operações genéticas como a seleção, o cruzamento e a mutação. Os algoritmos PSO utilizam partículas que se deslocam num espaço de dimensão n para procurar soluções para um problema de otimização de funções com n variáveis. Todas as partículas têm valores de aptidão que são avaliados pela função de aptidão a ser optimizada, e têm velocidades que orientam o voo das partículas. O PSO é inicializado com um grupo de partículas aleatórias (soluções) e, em seguida, procura o ótimo através da atualização de cada geração. O algoritmo PSO segue os seguintes passos.

Passo 1: Critério de aptidão.

Um destes critérios de paragem é o valor da função de aptidão. O valor da função de aptidão está relacionado com o tipo de função objetivo, o PSO pode ser aplicado para minimizar ou maximizar esta função. Concentrámo-nos em maximizar a função objetivo para melhorar os resultados.

Etapa 2: Implementação da PSO.

O algoritmo PSO depende da sua implementação nas duas relações seguintes:

$$vid = w * vid + c1 * r1(bpid - pid) + c2 * r2(pgd - pid) \tag{4.11}$$

$$xid = xid + vid \tag{4.12}$$

em que c1 e c2 são constantes positivas, r1 e r2 são funções aleatórias no intervalo [0,1], pi=(pi1,pi2,...,pid) representa a i-ésima partícula; bpi=(bpi1,bpi2,...,bpid) representa a melhor posição anterior (a posição que dá o melhor valor de aptidão) da partícula i; o símbolo g representa o índice da melhor partícula entre todas as partículas da população, vi=(vi1,vi2,...,vid) representa a taxa de mudança de posição (velocidade) da partícula i. A implementação inclui

i. Inicialização de uma população de partículas com posições e velocidades aleatórias em d-dimensões no espaço do problema.

ii. Para cada partícula, avaliar a função de aptidão de otimização desejada em d variáveis.

iii. Comparar a avaliação da aptidão da partícula com a sua pbest. Se o valor atual for melhor do que pbest, então definir pbest igual ao valor atual, e bpi igual à localização atual pi.

iv. Identificar a partícula na vizinhança com o melhor sucesso até ao momento e atribuir o seu índice à variável g.

v. Alterar a velocidade e a posição da partícula de acordo com as equações (4.11) e (4.12).

vi. Atualizar a velocidade e a posição de cada partícula até o valor da função de aptidão convergir. Após a convergência, a melhor partícula global do enxame é enviada ao classificador SVM para treinamento. Treinar o classificador SVM.

4.3.2 Máquina de vetor de suporte (SVM)

Um dos melhores algoritmos utilizados para a classificação supervisionada é a máquina de vectores de suporte (SVM). Uma máquina de vectores de suporte (SVM) é um conceito em estatística e ciências da computação para um conjunto de métodos de aprendizagem supervisionada relacionados que analisam dados e reconhecem padrões, utilizados para classificação e análise de regressão. O SVM padrão pega num conjunto de dados de entrada e prevê, para cada entrada dada, qual das duas classes possíveis forma a entrada, tornando o SVM um classificador linear binário não probabilístico. Dado um conjunto de exemplos de treino, cada um marcado como pertencendo a uma de duas categorias, um algoritmo de treino SVM constrói um modelo que atribui novos exemplos a uma ou outra categoria. No sistema proposto, o SVM classifica os dados de treino e de teste e agrupa-os em relevantes e irrelevantes. Em seguida, o PSO é aplicado para extrair a caraterística e recuperar os resultados.

Capítulo 5

Resultados e discussão

5.1 Resultados da recuperação de imagens com base em anotações.

Um sistema eficiente de recuperação de imagens de satélite (SIR) foi proposto na investigação que recupera as imagens de deteção remota/satélite de forma mais eficaz utilizando as técnicas de recuperação. O sistema proposto implementa a recuperação de imagens de satélite com base em anotações. Se os conteúdos visuais não estiverem disponíveis, o único método de recuperação de imagens é a consulta por anotações, que é a técnica mais utilizada. Muitos motores de pesquisa utilizam a consulta por etiqueta ou anotações. As imagens são etiquetadas manualmente no conjunto de dados e as consultas são efectuadas apenas com base nas etiquetas. Os resultados são apresentados na figura seguinte.

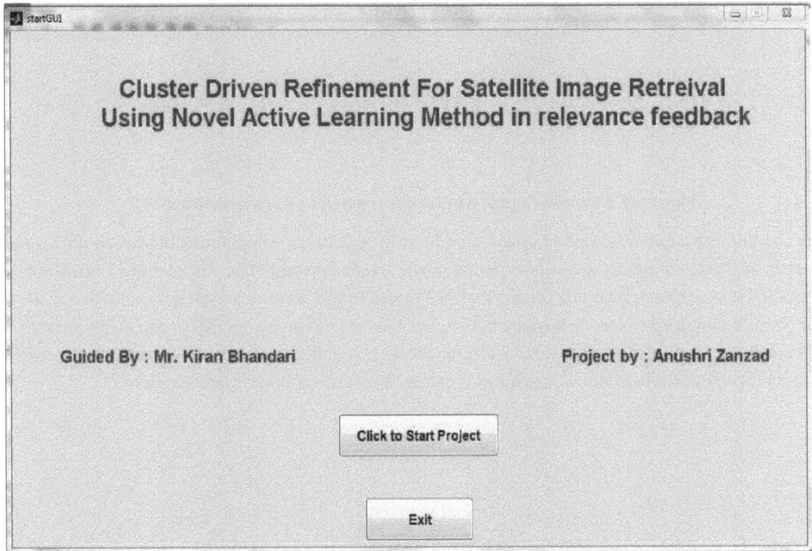

Figura 5.1 GUI de arranque do sistema de recuperação de imagens de satélite.

A figura 5.1 mostra o ecrã inicial da GUI concebida para o projeto. Depois de clicar neste botão, o controlo passa para a GUI principal e a execução efectiva do sistema SIR proposto é realizada. Em segundo lugar, o botão de saída serve para encerrar todo o projeto. A execução efectiva do projeto começa com o clique no botão de início.

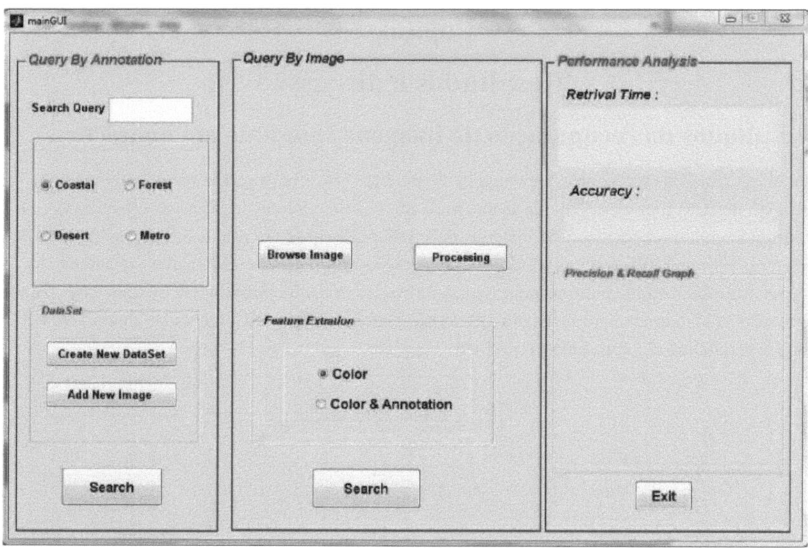

Figura 5.2 Consulta por Anotações (costeira) para o sistema SIR

A figura acima mostra que o tipo de pesquisa escolhido é a Query by Annotations (Consulta por Anotações). Como explicado anteriormente, a recuperação baseia-se exclusivamente nas Annotations (Anotações) ou no texto introduzido na caixa de pesquisa, como mostra a figura acima. Tanto as disposições relativas à introdução do texto como o clique no botão de opção entre litoral, floresta, deserto e metro. Como selecionámos aqui as imagens costeiras, as imagens resultantes serão as que têm o nome ou a etiqueta apenas como costeiras. O resultado da recuperação do nome das imagens costeiras é apresentado na figura seguinte.

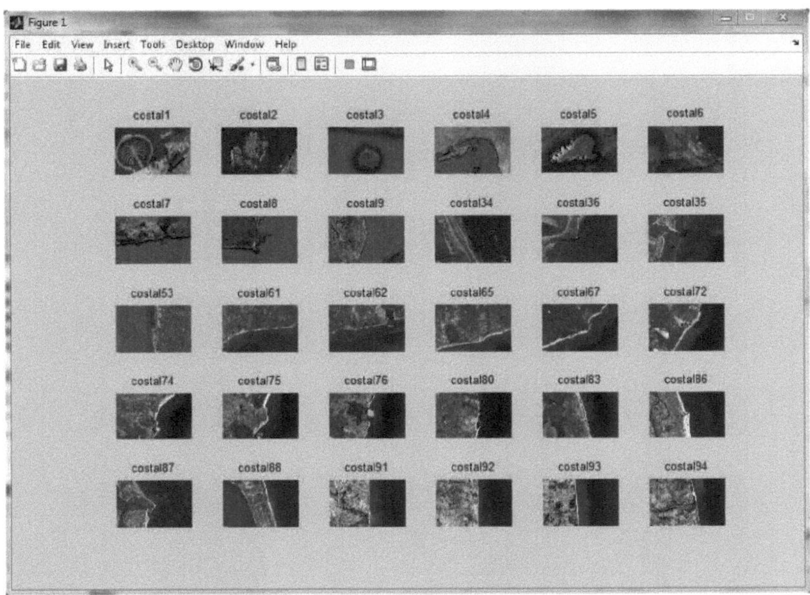

Figura 5.3 Resultados da recuperação de imagens de satélite com base em anotações.

A figura 5.3 mostra os resultados da recuperação de imagens de satélite com base apenas nas anotações ou no texto introduzido na caixa de pesquisa. Como se pode ver na janela resultante, todas as imagens recuperadas têm a etiqueta "coastal only" (costa apenas), uma vez que a consulta foi feita com anotações "coastal only" (costa apenas).

5.2   Resultados da recuperação de imagens de satélite baseadas em cores e feedback de relevância usando PSO-SVM.

O sistema SIR proposto fundiu os três vectores de caraterísticas para formar uma única caraterística e os resultados são mostrados na figura abaixo.

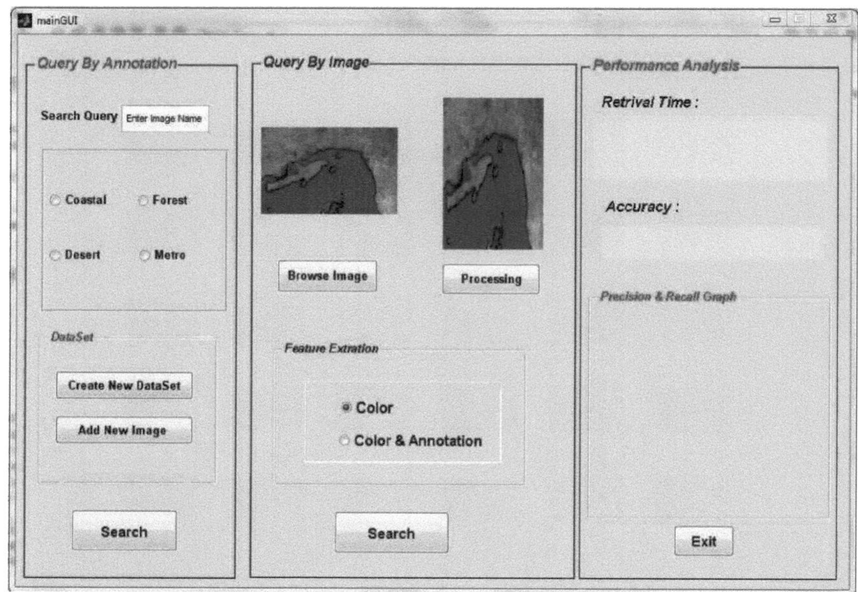

Figura 5.4. Consulta por imagem e redimensionamento da imagem para o sistema SIR.

A figura acima mostra que a consulta por imagem é aplicada para a recuperação. Como podemos ver aqui, a imagem é carregada como uma consulta na caixa de seleção browse image (procurar imagem) e, em seguida, a imagem de consulta é pré-processada, ou seja, redimensionada para reduzir o ruído, melhorar o contraste e a nitidez da imagem e obter resultados de qualidade. Após o pré-processamento da imagem de consulta, o botão de rádio Color feature (Caraterística da cor) é selecionado na caixa Feature Extraction (Extração de caraterísticas). Depois de clicar no botão de pesquisa, o vetor de caraterísticas da imagem consultada é comparado com os vectores de caraterísticas das imagens armazenadas na base de dados, utilizando a fórmula da distância euclidiana, e a indexação é feita com base na distância mínima entre a imagem consultada e as imagens da base de dados, sendo as imagens resultantes colocadas por ordem crescente de distâncias. Os resultados da recuperação com base na SIR são apresentados na figura seguinte.

Figura 5.5 Resultados da recuperação de imagens de satélite com base na cor

A figura acima mostra os resultados da recuperação com base na caraterística da cor. Aqui, o vetor de caraterísticas da imagem de consulta é comparado com os vectores de caraterísticas da imagem da base de dados e a indexação das imagens é feita por ordem crescente da distância enclideana. Os resultados são apresentados na figura acima. Como se pode ver na figura acima, a cor das imagens resultantes é bastante semelhante à da imagem de consulta, mas, aqui, as caraterísticas são calculadas e comparadas entre si e a recuperação é efectuada.

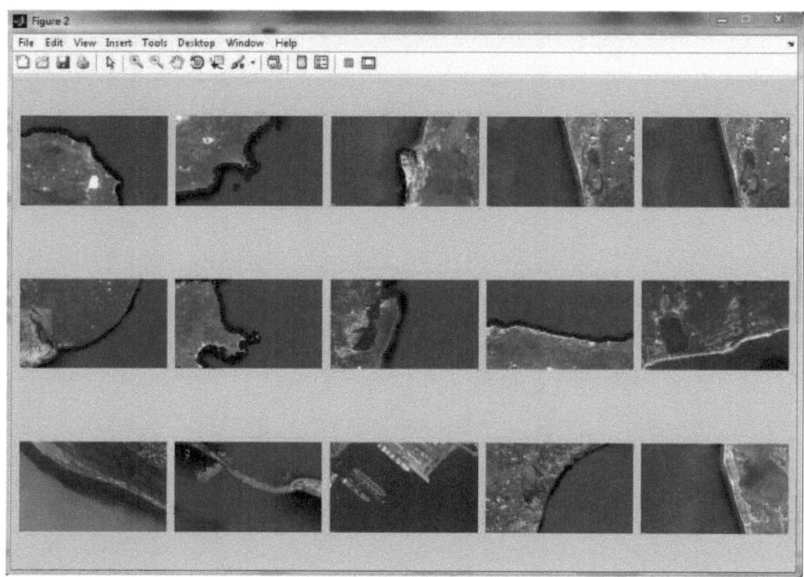

Figura 5.6 Feedback de relevância usando PSO-SVM aplicado em resultados baseados em cores para o sistema SIR.

A figura mostra os resultados da recuperação com base no feedback de relevância utilizando PSO-SVM. Os resultados da recuperação com base na caraterística da cor são efectuados como uma base de dados treinada para aplicar o feedback de relevância utilizando PSO-SVM. De seguida, as caraterísticas PSO são calculadas a partir dos resultados da recuperação das caraterísticas de cor. Estas imagens recuperadas com base na cor são então classificadas em grupos utilizando SVM e a recuperação é então efectuada utilizando a caraterística PSO e comparando-as com a caraterística PSO da imagem de consulta. O resultado da recuperação é apresentado na figura acima.

5.3 Resultados da combinação de SIR baseado em cores e etiquetas e Feedback de relevância utilizando PSO-SVM

Em segundo lugar, a recuperação de imagens de satélite baseia-se na cor e na caraterística combinada (cor e etiqueta). A semelhança entre a imagem de consulta e a imagem de destino é medida a partir de dois tipos de caraterísticas que incluem caraterísticas de cor e de etiqueta. Para a extração das caraterísticas da cor, os três vectores de caraterísticas (técnicas de indexação), como o histograma HSV, o correlograma e os momentos de cor, são fundidos para formar um único vetor. Estas técnicas de indexação fundidas melhoram o poder de discriminação das técnicas de recuperação de cor e produzem resultados de recuperação eficazes. O resultado da recuperação utilizando apenas uma caraterística pode ser ineficaz. Assim, para produzir resultados eficazes, utilizamos uma combinação de caraterísticas de cor e de etiqueta ou anotação. A semelhança entre a imagem de consulta e a imagem de destino é medida a partir de dois tipos de caraterísticas, que incluem caraterísticas de cor e de etiqueta. Os resultados da recuperação são apresentados nas figuras seguintes.

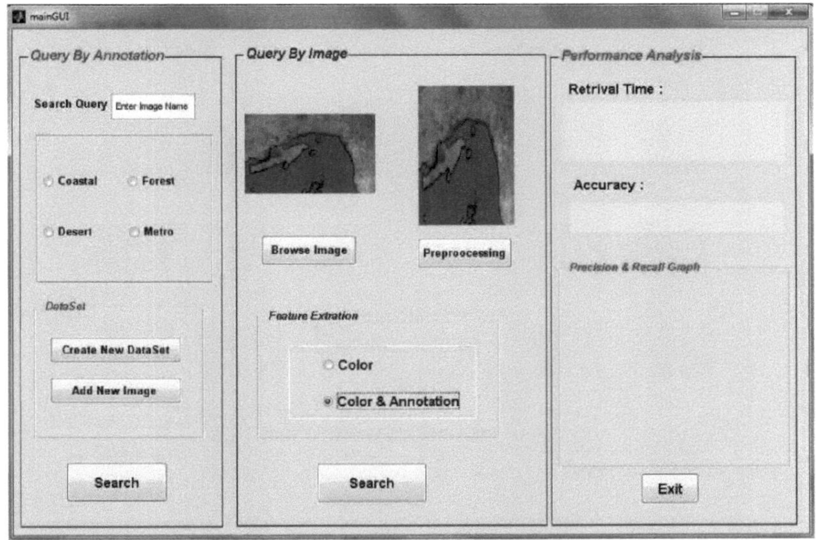

Figura 5.7 Consulta por cor e anotações para o sistema SIR

A figura acima mostra a consulta tanto pela imagem como pela etiqueta. Assim, a imagem com a etiqueta é carregada como imagem de consulta para que a caraterística de cor e de etiqueta seja extraída e comparada com as imagens da base de dados utilizando a caraterística de cor e a caraterística de etiqueta.

Figura 5.8 Resultados do sistema SIR baseado na combinação de cor e anotação

Para obter uma melhor precisão, são utilizadas as caraterísticas de recuperação combinadas. As imagens da base de dados baseadas na cor e nas caraterísticas das etiquetas são calculadas e armazenadas na base de dados de caraterísticas. A base de dados foi classificada num conjunto de clusters para obter resultados de recuperação rápidos e optimizados. O desempenho do sistema SIR proposto foi avaliado pelo maior número de imagens de consulta de avaliação. O resultado da implementação mostra que o sistema SIR proposto recupera com mais precisão os resultados mais exactos que são relevantes para as imagens de consulta. Os resultados experimentais mostram que o sistema SIR proposto atinge uma precisão elevada. Assim, fica provado que o sistema SIR proposto recupera com maior precisão as imagens com base em técnicas de recuperação combinadas.

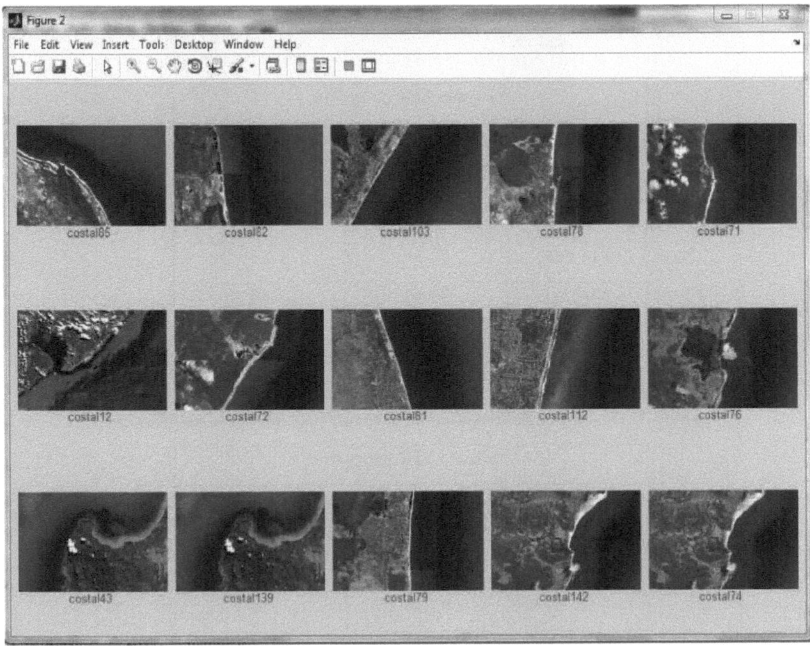

Figura 5.9 Feedback de relevância utilizando PSO-SVM aplicado a resultados SIR combinados com base em cores e etiquetas.

5.4 Análise de desempenho

Neste trabalho, temos de considerar as imagens das bases de dados reais para obter 1000 imagens de deteção de controlo remoto. Em 1000 imagens, cada tipo tem 250 imagens de controlo remoto cada. O desempenho do sistema SIR proposto é avaliado através da medição do processo de recuperação de imagens. O desempenho do processo de recuperação é calculado através de três medidas: precisão, recuperação e medida F. Os resultados do desempenho da classificação para as quatro classes: costa, deserto, floresta e metro, obtidos pelas técnicas de recuperação, são apresentados nos quadros 1, 2 e 3. O sistema SIR proposto atinge uma precisão global de 78%. Os resultados do desempenho do sistema de recuperação proposto com base nas três caraterísticas cor, etiqueta e combinação de cor e etiqueta são apresentados no quadro.

Tabela 1: Desempenho do sistema SIR com base na cor

Sistema SIR proposto		
Consultar imagens	**SIR com base na cor**	
	Precisão	**Recall**
ZONA COSTEIRA	88.8	80
DESERTO	77.77	70
FLORESTA	84.44	76
METRO	93.12	84.22

Tabela 2: Desempenho do sistema SIR com base na etiqueta

Sistema SIR proposto		
Consultar imagens	SIR baseado em etiquetas	
	Precisão	Recall
ZONA COSTEIRA	91.11	82
FLORESTA	77.33	66
METRO	71.11	64
DESERTO	95.43	86

Tabela 3: Desempenho do sistema SIR com base na cor e na etiqueta

Sistema SIR proposto		
Consultar imagens	SIR combinada com base em cores e etiquetas	
	Precisão	Recall
ZONA COSTEIRA	95.43	86
FLORESTA	80.44	72
METRO	86.66	78
DESERTO	88.88	80.2

Tabela 4.Comparação do desempenho do sistema SIR com base na precisão entre Cor, Tag e PSO-SVM

Sistema SIR proposto				
Consultar imagens	SIR com base na cor	SIR baseado em etiquetas	SIR com base em cores e etiquetas	RF utilizando PSO-SVM
	Precisão	Precisão	Precisão	Precisão
Zona costeira	88.8	91.11	95.43	92.8
Deserto	77.77	95.43	90.44	97.14
Floresta	84.44	77.33	86.66	88.32
Metro	93.12	71.11	88.88	95.1

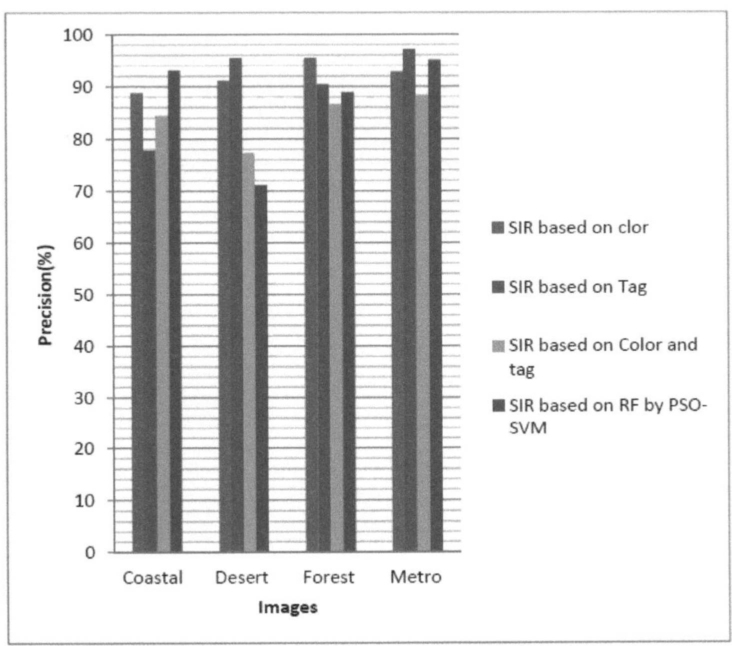

Figura 5.10 Gráfico de precisão para o sistema SIR proposto

A figura 5.11 mostra o gráfico de precisão para a recuperação de imagens de satélite utilizando diferentes técnicas de recuperação. Como se pode ver no gráfico, são estudados diferentes grupos de imagens e são-lhes aplicadas as técnicas de recuperação. A análise do desempenho baseia-se aqui apenas na precisão. A precisão está a aumentar graficamente à medida que as diferentes técnicas são utilizadas no sistema SIR proposto. A precisão é maior para todas as técnicas de recuperação utilizadas, em comparação com a recuperação.

Tabela 5. Comparação do sistema SIR com base no desempenho de recuperação entre Cor, Etiqueta e PSO-SVM

Consultar imagens	Sistema SIR proposto			
	SIR com base na cor	SIR baseado em etiquetas	SIR com base em cores e etiquetas	RF utilizando PSO-SVM
	Recall	Recall	Recall	Recall
Zona costeira	80	82	86	87.61
Deserto	70	86	72	95.22
Floresta	76	66	78	90.76
Metro	84.22	64	80.2	89

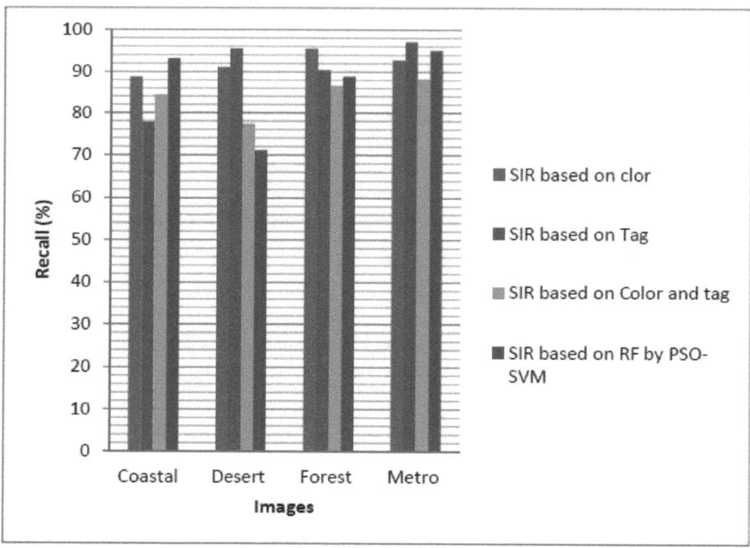

Figura 5.11 Gráfico de recuperação do sistema SIR proposto

A figura 5.11 mostra a representação gráfica do Recall de todas as técnicas de recuperação de imagens de satélite utilizadas no sistema SIR proposto. A percentagem de recuperação é comparativamente inferior à da precisão. A recuperação para o sistema SIR baseado em combinações e no feedback de relevância é superior à das outras técnicas. Assim, o SIR baseado na combinação de caraterísticas e no feedback de relevância tem mais precisão de imagens nos resultados.

Capítulo 6

Conclusão

O sistema SIR proposto implementa a recuperação de imagens de satélite com base em caraterísticas de cor. Que fundiu três vectores de caraterísticas (técnicas de indexação) como o histograma HSV, o correlograma e os momentos de cor. Estas técnicas de indexação combinadas melhoram o poder de discriminação das técnicas de recuperação de cor e produzem resultados de recuperação eficazes.

A SIR baseada em anotações é utilizada se os conteúdos visuais não estiverem disponíveis, então o único método de recuperação de imagens é a consulta por anotações e é a técnica mais utilizada.

A SIR baseada na combinação da imagem e das anotações é utilizada quando o resultado da recuperação utilizando apenas uma caraterística pode ser ineficiente. Assim, para produzir resultados eficientes, utiliza-se a combinação de caraterísticas de cor e de etiqueta ou anotação. A semelhança entre a imagem de consulta e a imagem de destino é medida a partir de dois tipos de caraterísticas, que incluem caraterísticas de cor e de etiqueta.

Foi proposta uma abordagem híbrida que combina PSO e SVM para melhorar a exatidão e a capacidade de recuperação de imagens no feedback de relevância. A abordagem híbrida de PSO-SVM dá resultados de recuperação mais eficientes e melhorados em comparação com a recuperação baseada em conteúdos como a cor e a etiqueta.

Referências

[1] Suvarna Nandyal* e Sandhya Koti," Annotated Image search: Annotated Image Search using Text and Image Features", International Journal of Scientific and Research Publications, Volume 3, Issue 10, October 2013 ISSN 2250 3153.

[2] R. Jain, Proc. Workshop US NSF Sistemas de Gestão da Informação Visual, 1992.

[3] A. E. Cawkill, "The British Library's Picture Research Projects: Image, Word, and Retrieval", Advanced Imaging, Vol.8, No.10, pp.38-40, outubro de 1993.

[4] J. Dowe, "Content-based retrieval in multimedia imaging," In Proc. SPIE Storage and Retrieval for Image and Video Database, 1993.

[5] C. Faloutsos et al, "Efficient and effective querying by image content", Journal of intelligent information systems, Vol.3, pp.231-262, 1994.

[6] Y. Gong, H. J. Zhang e T. C. Chua, "An image database system with content capture and fast image indexing abilities", Proc. IEEE International Conference on Multimedia Computing and Systems, Boston, pp.121-130, 14-19 de maio de 1994.

[7] R. Jain, Proc. Workshop US NSF Sistemas de Gestão da Informação Visual, 1992.

[8] R. Jain, A. Pentland, e D. Petkovic, Relatório do Workshop: NSF-ARPA Workshop on Visual Information Management Systems, Cambridge, Massachusetts, EUA, junho de 1995.

[9] H. J. Zhang, e D. Zhong, "A Scheme for visual feature-based image indexing," Proc. of SPIE conf, on Storage and Retrieval for Image and Video Databases III, pp. 36-46, San Jose, Feb. 1995.

[10] B. Furht, S. W. Smoliar e H.J. Zhang, Video and Image Processing in Multimedia Systems, Kluwer Academic Publishers, 1995.

[11] Y. Rui, T. S. Huang e S. F. Chang, "Image retrieval: current techniques, promising diretions and open issues", Journal of Visual Communication and Image Representation, Vol.10, pp. 39-62, 1999.

[12] A. M. W. Smeulders, M. Worring, S. Santini, A. Gupta, e R. Jain, "Content-based image retrieval at the end of the early years, " IEEE Trans. on Pattern Analysis and Machine Intelligence, Vol.22, No.12, pp. 1349-1380, Dez. 2000.

[13] A.Ramesh Kumar et al, Content Based Image Retrieval Using Color Histogram (IJCSIT) International Journal of Computer Science and Information Technologies, Vol. 4 (2) , 2013, 242 - 245.

[14] S. Mangijao Singh , K. Hemachandran Recuperação de imagem baseada em conteúdo usando Momento de cor e recurso de textura de Gabor, IJCSI International Journal of Computer Science Issues, Vol. 9, Issue 5, No 1, setembro de 2012 ISSN (Online): 1694-0814

[15] "Content-Based Image Retrieval using Color Moment and Gabor Texture Feature" , por IJCSI International Journal of Computer Science Issues, Vol. 9, Issue 5, No 1, setembro de 2012 ISSN (Online): 1694-0814

[16] Suvarna Nandyal* e Sandhya Koti, Annotated Image search: Annotated Image Search using Text and Image Features, International Journal of Scientific and Research Publications, Volume 3, Issue 10, October 2013 1 ISSN 2250-3153

[17] "Content Based Image Retrieval Using Hybrid Technique", por International Journal of Scientific Engineering and Technology (ISSN : 2277-1581) Volume No.3 Issue No.9, pp : 1179-1183.

[18] Mu-Chun Su, "A Modified Version of the K-Means Algorithm with a Distance Based on Cluster

Symmetry", IEEE TRANSACTIONS ON PATTERN ANALYSIS AND MACHINE INTELLIGENCE, VOL. 23, NO. 6, JUNHO 2001.

[19]   Remco C. Veltkamp, Mirela Tanase Departamento de Ciências da Computação, Universidade de Utrecht. Content-Based [mage Retrieval Systems: A Survey, 28 de outubro de 2002.

[20]   B. Xue e L. Wanjun, "Research of Image Retrieval Based on Color", IEEE International Forum on Computer Science- Technology and Applications, 2009.

[21]   Sergyan Szabolcs, "Color histogram features based image classification in content-based image retrieval systems", Applied Machine Intelligence and Informatics, pp. 221-224, 2008.

[22]   Scholkopf, B. SVM's: uma consequência prática da teoria da aprendizagem. Trends and Controversies- IEEE Intelligent Systems, pp.18-21, 1998.

[23]   Chang Wen Chen, Jiebo Luo e Kevin J. Parker, "Image Segmentation via Adaptive K Mean Clustering and Knowledge-Based Morphological Operations with Biomedical Applications", IEEE transactions on image processing, vol. 7, no. 12, dezembro de 1998.

[24]   R.Senthil Kumar, Dr.M.Senthilmurugan, "Content-Based Image Retrieval System in Medical Applications", International Journal of Engineering Research & Technology (IJERT), Vol. 2 Issue 3, and March - 2013, ISSN: 2278-0181.

[25]   H. Mohamadi, A. Shahbahrami e J. Akbari, "Image retrieval using the combination of text-based and content-based algorithms ", Journal of AI and Data Mining, Publicado online: 20 de fevereiro de 2013.

[26]   Ekta Ra24jput & Hardeep Singh Kang, "Content based Image Retrieval by using the Bayesian Algorithm to Improve and Reduce the Noise from an Image", Global Journal of Computer Science and Technology Graphics & Vision, Volume 13 Issue 6 Version 1.0 Year 2013.

[27]   S. Mangijao Singh , K. Hemachandran, "Content-Based Image Retrieval using Color Moment and Gabor Texture Feature", IJCSI International Journal of Computer Science Issues, Vol. 9, Issue 5, No 1, setembro de 2012.

[28]   D. Tegolo, "Shape analysis for image retrieval," Proc. of SPIE, Storage and Retrieval for Image and Video Databases -II, n.º 2185, San Jose, CA, pp. 59-69, fevereiro de 1994.

[29]   R. C. Veltkamp e M. Hagedoorn, "State-of-the-art in shape matching", Relatório Técnico UU-CS-1999-27, Universidade de Utrecht, Departamento de Informática, setembro de 1999.

[30]   J. M. Francos. "Orthogonal decompositions of 2D random fields and their applications in 2D spectral estimation", N. K. Bose e C. R. Rao, editores, Signal Processing and its Application, pp.20-227. North Holland, 1993.

[31]   J. M. Francos, A. A. Meiri, e B. Porat, "A unified texture model based on a 2d Wold like decomposition," IEEE Trans on Signal Processing, pp.2665-2678, Aug. 1993.

[32]   T. Gevers, e A. W. M. Smeulders, "Content-based image retrieval by viewpointinvariant image indexing," Image and Vision Computing, Vol.17, No.7, pp.475-488, 1999.

Publicações

[1]"Study of various Clustering Algorithms for Satellite Image Retrieval", *Multicon-W 2015* (ICWCCV 2015), volume 1, pp.210-213, ISBN: 978-09884925-7-8, fevereiro de 2015.

[2]"Refinamento orientado por cluster para recuperação de imagens de satélite usando técnica de recuperação aprimorada", International Journal of Engineering Associates (ISSN: 2320-0804) # 101 / Volume 4 Edição 7, © 2015 IJEA.

Printed by Books on Demand GmbH, Norderstedt / Germany